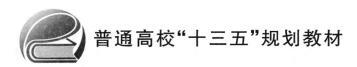
普通高校"十三五"规划教材

U0271803

无线射频识别(RFID)技术基础
(第2版)

彭 力 编著

北京航空航天大学出版社

内 容 简 介

无线射频标签识别技术(RFID)被誉为 21 世纪最有应用和市场前景的十大技术之一,是物联网技术中的核心和关键技术。本书从 RFID 技术的原理出发深入浅出地阐述电感耦合、电磁波、射频采样和编解码,进而介绍了天线、读卡器的原理,详细分析了 RFID 标准和体系结构。书中讨论了几种常用的射频技术在各种市民卡、社保卡、公交卡、身份证中的应用,也分析了常用的高频和超高频中的应用,讲述了应用时读卡器、应答器和天线的设计,并提供了软、硬件实现的方法,以及典型芯片的使用方法,为促进该技术快速进入生产、生活打下基础。

本书不仅可以作为普通高校(本科、高职)物联网工程专业教材或物联网技术培训教材,也可以为物联网工程师在进行项目方案设计和项目实施时提供参考。

本书配有课件供任课教师参考,有需要者请发送邮件至 goodtextbook@126.com 或致电 010-82317036申请索取。

图书在版编目(CIP)数据

无线射频识别(RFID)技术基础 / 彭力编著. -- 2 版. -- 北京：北京航空航天大学出版社,2016.8
ISBN 978-7-5124-2231-5

Ⅰ. ①无… Ⅱ. ①彭… Ⅲ. ①无线射频识别—高等学校—教材 Ⅳ. ①TP391.45

中国版本图书馆 CIP 数据核字(2016)第 205049 号

无线射频识别(RFID)技术基础
(第 2 版)
彭 力 编著
责任编辑 蔡 喆 赵钟萍

*

北京航空航天大学出版社出版发行
北京市海淀区学院路 37 号(邮编 100191) http://www.buaapress.com.cn
发行部电话:(010)82317024 传真:(010)82328026
读者信箱:goodtextbook@126.com 邮购电话:(010)82316936
涿州市新华印刷有限公司印装 各地书店经销

*

开本:787×1 092 1/16 印张:7.25 字数:186 千字
2016 年 8 月第 2 版 2018 年 11 月第 2 次印刷 印数:3 001~6 000 册
ISBN 978-7-5124-2231-5 定价:19.00 元

第 2 版序言

无线射频标签识别技术(RFID，radio fequency identification technology)已成为物联网技术应用的重要组成部分，特别是近几年发展迅猛，在实现对物品的智能化识别、定位、跟踪、监控和管理中作用明显。在日常生活中 RFID 技术被广泛应用于非接触式就餐卡、车辆防盗系统、停车场自动收费系统、门禁系统、身份识别系统、高速公路 ETC 不停车缴费系统等。特别是随着近几年零售和物流行业信息化的不断深入，这些行业越来越依赖于应用信息技术来控制库存、改善供应链管理、降低成本、提高工作效率，为 RFID 技术的应用和快速发展提供了极大的市场空间。从目前技术成熟度、成本降低度和市场使用度现状可以预计，RFID 是未来物联网技术应用中极有市场前景的技术。借助 RFID 这种编码的检测手段将自己的认识和需求自动地与计算机和网络联系起来，大大扩充了我们自身的能力并极大地提高了工作效率。

目前，在数百所高校设置的物联网专业中，无线射频标签识别(RFID)课程也是必修的主干课，构成了物联网专业的知识和技能基础。本书首版主要介绍了与 RFID 技术相关的原理与应用。全书共 6 章。第 1 章帮助读者初步了解 RFID 技术的基本概念；第 2、3 章介绍 RFID 的基础理论和标准；第 4 章是对数据的传输过程中用到的编码技术进行了详细的阐述；第 5 章主要介绍了 RFID 技术的安全问题以及设计的技术；第 6 章讲述了 RFID 技术的应用案例、应用前景及面临的问题。对前一阶段物联网专业的运行起到了较好的推动参考作用，使用院校师生反映良好。

这一次修订改版，结合最近几年的 RFID 进展，特别是结合 RFID 最新应用技术和在市场和工程中的最新应用，扩充了其案例分析；特别结合物联网专业的"卓越工程师计划"，详细分析了 RFID 综合应用背景和效果，给出了细致的设计和实现方案；以此让读者对 RFID 技术有一个更深刻的认识，并能够更好地应用 RFID 技术；为学习者提供更深入的工程实践背景以便提高其工程分析和解决工程问题的能力。

本书由江南大学物联网工程学院的彭力教授主编，谢林柏教授、吴治海副教授、闻继伟副教授、李稳高级工程师和冯伟工程师也参与了编写工作。北京航空航天大学出版社的编辑为本书的出版付出了很大努力。RFID 技术发展迅猛，应用日新月异，编写时间有限，不足之处请读者多多指正。期望该书能为大学生、工程师学习 RFID 技术起到一定的参考作用。

彭 力
2016 年 5 月于无锡

序　言

物联网是新一代信息技术的重要组成部分,其英文名称是"The Internet of things"。顾名思义,物联网就是"物物相连的互联网"。这有两层意思:第一,物联网的核心和基础仍是互联网,它是在互联网基础上延伸和扩展的网络;第二,其用户端延伸和扩展到了任何物品与物品之间,并可进行信息交换和通信。因此,物联网是通过无线射频识别(RFID)、红外感应器、全球定位系统、激光扫描器等信息传感设备,按约定的协议,把任何物品与互联网相连,进行信息交换和通信,以实现对物品的智能化识别、定位、跟踪、监控和管理的一种网络。所以,RFID技术构成了物联网的核心技术。

本书主要介绍RFID技术及其在工业、生活中的应用,以此让读者对RFID技术有一个更深刻的认识,并能够更好地应用RFID技术。

RFID技术的应用最早可以追溯到第二次世界大战时期——美军曾用于识别盟军的飞机。目前,RFID技术已应用于人们日常生活中的非接触式就餐卡、车辆防盗系统、道路自动收费系统、门禁系统、身份识别系统等。特别是随着近几年零售和物流行业信息化的不断深入,这些行业越来越依赖于应用信息技术来控制库存,改善供应链管理,降低成本,提高工作效率,这为RFID技术的应用和快速发展提供了极大的市场空间。

RFID被誉为21世纪最有应用和市场前景的十项技术之一。我们借助RFID这种编码的检测手段将自己的认识和需求自动地与计算机和网络联系起来,大大扩充了自身的能力并极大地提高了工作效率。但是,RFID是如何实现这种功能的,在人们的生产生活中究竟起到了哪些作用,其前景又将如何呢?本书主要介绍与RFID技术相关的原理与应用。全书共6章。第1章帮助读者初步了解RFID技术的基本概念;第2~3章介绍RFID的基础理论和标准;第4章是对数据传输过程中用到的编码技术进行了详细的阐述;第5章主要介绍了RFID技术的安全问题以及设计的技术;第6章讲述了RFID技术的应用案例、应用前景及面临的问题。

本书由江南大学物联网工程学院的彭力教授编,江南大学的吉训生副教授、吴治海博士、闻继伟博士、李稳高级工程师、冯伟工程师以及研究生韩潇、戴菲菲、高雪、张雅婷、肖秋云等和苏州大学文正学院的彭岩参加了编写工作。在此向他们表示感谢,同时感谢国家自然科学基金(60973095)、物联网应用技术教育部工程研究中心和江南节能感知研究院的资助。

彭　力

2012年7月于无锡

目　录

第 1 章   射频识别技术概论

1.1   RFID 技术及特点

射频识别(radio frequency identification,RFID)技术,也称电子标签、无线射频识别,是 20 世纪 90 年代开始兴起的一种自动识别技术。RFID 可通过无线电信号识别特定目标并获取相关的数据信息,即无须在识别系统与特定目标之间建立机械或光学接触,利用射频信号通过空间耦合(交变磁场或电磁场)实现无接触信息传递并通过所传递的信息达到识别目的的技术。RFID 的识别工作不需要人工干预,可工作于各种恶劣环境。RFID 技术可识别高速运动物体并可同时识别多个标签,操作快捷方便。

1.2   RFID 技术发展简史及现状

在过去的半个多世纪里,RFID 技术的发展经历了以下几个阶段:

1941—1950 年,雷达的改进和应用催生了 RFID 技术,1948 年奠定了 RFID 技术的理论基础。

1951—1960 年,早期 RFID 技术的探索阶段,主要处于实验室实验研究。

1961—1970 年,RFID 技术的理论得到了发展,开始了一些应用尝试。

1971—1980 年,RFID 技术与产品研发处于一个大发展时期,各种 RFID 技术测试得到加速,出现了一些最早的 RFID 技术应用。

1981—1990 年,RFID 技术及产品进入商业应用阶段,多种应用开始出现,成本成为制约进一步发展的主要问题,国内开始关注这项技术。

1991—2000 年,大规模生产使得成本可以被市场接受,技术标准化问题和技术支撑体系的建立得到重视,大量厂商进入,RFID 产品逐渐走入人们的生活,国内研究机构开始跟踪和研究该技术。

2001 年至今,RFID 技术得到进一步丰富和完善,产品种类更加丰富,无源电子标签、半有源电子标签和有源电子标签均得到发展,电子标签成本也不断降低,RFID 技术的应用领域不断扩大,RFID 与其他技术日益结合。

纵观 RFID 技术的发展历程,不难发现,随着市场需求的不断发展,人们对 RFID 技术认识水平的日益提升,RFID 技术必然会逐步进入人们的生活,而 RFID 技术及产品的不断开发也必将引发其应用扩展的新高潮,与此同时也必将带来 RFID 技术发展新的变革。

从全球范围来看,美国已经在 RFID 标准的建立、相关软硬件技术的开发与应用领域走在了世界的前列。欧洲 RFID 标准追随美国主导的 EPC global 标准。在封闭系统应用方面,欧洲与美国基本处在同一阶段。日本虽然已经提出 UID 标准,但主要得到的是本国厂商的支持,如要成为国际标准还有很长的路要走。在韩国,RFID 技术的重要性得到了加强,政府给予了高度重视,但至今韩国在 RFID 标准上仍模糊不清。

美国的 TI、Intel 等集成电路厂商目前都在 RFID 领域投入巨资进行芯片开发。Symbol 等公司已经研发出同时可以阅读条形码和 RFID 的扫描器。IBM、Microsoft 和 HP 等公司也在积极开发相应的软件及系统来支持 RFID 技术的应用。目前,美国的交通、车辆管理、身份识别、生产线自动化控制、仓储管理及物资跟踪等领域已经开始逐步应用 RFID 技术。在物流方面,美国已有 100 多家企业承诺支持 RFID 技术应用。另外,值得注意的是,美国政府是 RFID 技术应用的积极推动者。

欧洲的 Philips、STMicroelectronics 公司在积极开发廉价的 RFID 芯片;Checkpoint 公司在开发支持多系统的 RFID 识别系统;诺基亚公司在开发能够基于 RFID 技术的移动电话购物系统;SAP 公司则在积极开发支持 RFID 的企业应用管理软件。在应用方面,欧洲在诸如交通、身份识别、生产线自动化控制、物资跟踪等封闭系统与美国基本处在同一阶段。目前,欧洲许多大型企业都纷纷进行 RFID 技术的应用实验。

日本是一个制造业强国,在 RFID 研究领域起步较早,政府也将 RFID 作为一项关键的技术来发展。2004 年 7 月,日本经济产业省 METI 选择了七大产业做 RFID 技术的应用试验,包括消费电子、书籍、服装、音乐 CD、建筑机械、制药和物流。从近来日本 RFID 领域的动态来看,与行业应用相结合的基于 RFID 技术的产品和解决方案开始集中出现,这为 2005 年 RFID 技术在日本的应用推广,特别是在物流等非制造领域的应用推广,奠定了坚实的基础。

韩国主要通过国家的发展计划,再联合企业的力量来推动 RFID 技术的发展,即主要是由产业资源部和情报通信部来推动 RFID 技术的发展计划。特别值得注意的是,自 2004 年 3 月韩国提出 IT839 计划以来,RFID 技术的重要性得到了进一步加强。虽然目前韩国在 RFID 技术的开发和应用领域乏善可陈,但值得引起关注的是,在韩国政府的高度重视下,韩国关于 RFID 的技术开发和应用试验正在加速展开。

中国人口众多,经济规模不断扩大,已经成为全球制造中心,RFID 技术有着广阔的应用市场。近年来,中国已初步开展了 RFID 相关技术的研发及产业化工作,并在部分领域开始应用。中国已经将 RFID 技术应用于铁路车号识别、身份证和票证管理、动物标识、特种设备与危险品管理、公共交通以及生产过程管理等多个领域,但规模化的实际应用项目还很少。目前,我国 RFID 应用以低频和高频标签产品为主,如城市交通一卡通和中国第二代身份证等项目。我国超高频标签产品的应用刚刚兴起,还未开始规模生产,产业链尚未形成。我国第二代身份证从 2005 年开始已经进入全面换发阶段,现已基本完成全国 16 岁以上人口的换发工作,全国换发总量将达到 10 亿。

2004 年 12 月 16 日,非盈利性标准化组织——EPC global 批准了向 EPC global 成员和签订了 EPC global IP 协议的单位免收专利费的空中接口新标准——EPC Gen 2。这一标准是 RFID 技术、互联网和产品电子代码(EPC)组成的 EPC global 网络的基础。

EPC Gen 2 的获批对于 RFID 技术的应用和推广具有非常重要的意义,它为在供应链应用中使用的 UHF RFID 提供了全球统一的标准,给物流行业带来了革命性的变革,推动了供应链管理和物流管理向智能化方向发展。

自 2004 年起,全球范围内掀起了一场 RFID 的热潮,包括沃尔玛、保洁、波音公司在内的商业巨头无不积极推动 RFID 技术在制造、零售、交通等行业的应用。RFID 技术及应用正处于迅速上升的时期,被业界公认为是 21 世纪最有潜力的技术之一,它的发展和应用推广将是自动识别行业的一场技术革命。当前,RFID 技术的应用和发展还面临一些关键问题与挑战,主要包括标签成本、标准制定、公共服务体系、产业链形成以及技术和安全等问题。

1.3　RFID 系统的基本组成

RFID 系统的组成一般包括三部分:标签、读卡器(含天线)和应用软件系统,如图 1-1 所示。

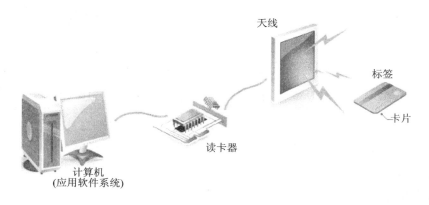

图 1-1　RFID 系统组成与工作示意图

1. 标 签

标签(Tag)由耦合元件及芯片组成,每个标签具有唯一的电子编码,附着在物体上标识目标对象,也称应答器、卡片等。RFID 标签通常由三部分组成:读写电路、硅芯片以及相关的天线。它能够接收并发送信号,一般被做成低功率的集成电路,与外部的电磁波或电磁感应相互作用,产生 RFID 标签工作时所需的功率并进行数据传输。

标签根据供电方式分为有源 RFID 标签、无源 RFID 标签和半有源半无源 RFID 标签;根据工作方式分为主动标签(Active Tags)和被动标签(Passive Tags);根据工作频率分为低频(LF,30～300 kHz)、中高频(HF,3～30 MHz)和超高频(UHF,300 MHz～5.8 GHz)标签。

RFID 标签可以做成动物跟踪标签,嵌入在动物的皮肤下,直径比铅笔芯还小,长度只有 0.5 in(英寸,1 in=0.0254 m);RFID 标签也可以做成卡的形状,还有许多商店在售卖的商品上附有硬塑料 RFID 标签用于防盗。除此以外,5 in×4 in×2 in 的长方形 RFID 标签可用于跟踪联运集装箱或重型机器、跟踪卡车车辆等。读出器可以是手持的,也可以是固定的,它发射出的无线电波在 1 in～100 ft(英尺,1 ft=0.3048 m)甚至更远的范围内都有效,这主要取决于其功率与所用的无线电频率。图 1-2 所示为不同的 RFID 标签及封装。

2. 读卡器

读卡器(Reader)是读取(有时还可以写入)标签信息的设备,可设计为手持式也称阅读器、读写器(取决于电子标签是否可以无线改写数据,可写时称为读写器)或读头等,还有人称为读出装置、扫描器、通信器。读卡器含天线,通过天线与 RFID 标签进行无线通信,可以实现对标

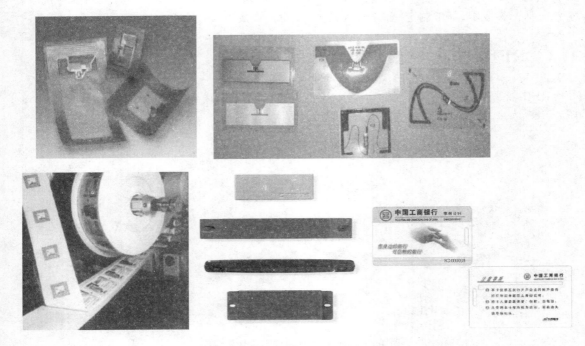

图 1-2　不同的 RFID 标签及封装

签识别码和内存数据的读出或写入操作。典型的 RFID 读卡器包含有 RFID 模块(发送器和接收器)、控制单元以及读卡器天线。读卡器可设计为手持式或固定式。一旦 RFID 标签上的芯片被激活,就会进行需要的读出、写入数据操作,读出器可把通过天线得到的标签芯片中的数据,经过译码送往主计算机处理。

　　天线(Antenna)是标签与读卡器收发报机之间的管道,通过天线来控制系统信号的获得与交换。天线的形状和大小有多种多样。例如,可以装在门框上,接收从该门通过的人或物品的相关数据,还可安装在适当地点监控道路上的交通情况等。图 1-3 所示为读卡器及天线。

图 1-3　读卡器及天线

　　在 RFID 应用系统中,读卡器实现对标签数据的无接触收集后,收集的数据需送至后台(上位机)处理,这就形成了标签读写设备与应用系统程序之间的接口——API(Application Program Interface,应用程序接口)。一般情况下,要求读卡器能够接收来自应用系统的命令,并且根据应用系统的命令或约定的协议做出相应的响应(回送收集到的标签数据等)。

　　读卡器本身从电路实现角度来说,又可划分为射频模块(射频通道)和基带模块两大部分。

　　射频模块实现的任务主要有两项：第一项是实现将读卡器欲发往 RFID 标签的命令调制（装载）到射频信号（也称为读卡器/标签的射频工作频率）上，经由发射天线发送出去。发送出去的射频信号（可能包含有传向标签的命令信息）经过空间传送（照射）到标签上，标签对照射在其上的射频信号做出响应，形成返回读卡器天线的返射回波信号；第二项是实现将标签返回到读卡器的回波信号进行必要的加工处理，并从中解调（卸载）提取出标签回送的数据。

　　基带模块实现的任务也包含两项：第一项是将读卡器智能单元（通常为计算机单元 CPU 或 MPU）发出的命令加工（编码）实现为便于调制（装载）到射频信号上的编码调制信号；第二项是实现对经过射频模块解调处理的标签回送数据信号进行必要的处理（包含解码），并将处理后的结果送入读卡器智能单元。

　　一般情况下，读卡器的智能单元也划归基带模块部分。智能单元从原理上来说，是读卡器的控制核心；从实现角度来说，通常采用嵌入式 MPU，并通过编制相应的 MPU 控制程序对收发信号实现智能处理以及与后续应用程序之间的接口。

　　射频模块与基带模块的接口为调制（装载）/解调（卸载）。在系统实现中，射频模块通常包括调制/解调部分，并且也包括解调之后对回波小信号的必要加工处理（如放大、整形）等。射频模块的收发分离是采用单天线系统时射频模块必须处理好的一个关键问题。

　　图 1-4 所示为读卡器电路原理图。

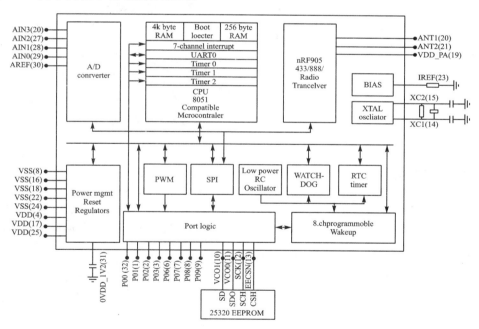

图 1-4　读卡器电路原理图

　　RFID 系统应用中根据读卡器读写区域中允许出现的单个标签或多个标签的不同，将 RFID 系统称为单标签识别系统（或简称为射频识别系统）和多标签识别系统。在读卡器的阅读范围内有多个标签时，对于具有多标签识读功能的 RFID 系统来说，一般情况下，读卡器处于主动状态，即读卡器先讲方式。读卡器通过发出一系列的隔离指令，使得读出范围内的多个标签逐一或逐批地被隔离出去（令其睡眠），最后保留一个处于活动状态的标签与读卡器建立无冲撞的通信。通信结束后将当前活动标签置为第三态(可称其为休眠状态,只有通过重新上电或特殊命令,才能解除休眠),进一步由读卡器对被隔离(睡眠)的标签发出唤醒命令唤醒一批(或全部)被隔离的标签,使其进入活动状态,再进一步隔离,选出一个标签通信。如此重复,读卡器可读出阅读区域内的多个标签信息,也可以实现对多个标签分别写入指定的数据。

3. 应用软件系统

RFID 系统的应用软件系统是在上位监控计算机中运行的包括数据库在内的管理软件系统,用于各种物品属性管理、目标定位和跟踪,具有良好的人机操作界面。

图 1-5 所示为 RFID 应用软件系统及其工作示意图。

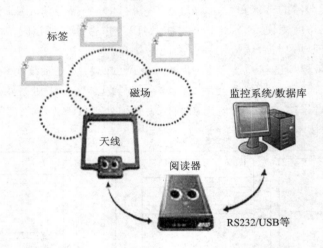

图 1-5　RFID 应用软件系统组成及其工作示意图

1.4　RFID 教学实验平台

针对当前 RFID 技术高速发展的需要,面对 RFID 技术的研究及其现有的 RFID 实验设备的需求,RFID 教学实验平台也雨后春笋般地被研制出来,这为学生理解 RFID 技术的原理,掌握物联网相关应用技术提供了很好的条件和环境。

一般 RFID 实验系统集成了 4 个频段的 RFID 技术(见图 1-6),实现了读卡器前端数据采集功能,将数据传送到上位机显示,同时也可以通过上位机直接对相关 RFID 模块进行控制以及对 RFID 协议进行更深一步的剖析。

(1) 125 kHz 频段

在上位机上显示读卡的时间和次数。

(2) 13.56 MHz 频段

支持 ISO/IEC 15693 协议、ISO 14443A 以及 ISO 14443B 协议的标准卡片,通过上位机软件可以识别不同协议的卡片,读写卡片信息。

(3) 900 MHz 频段

支持 EPC C1 GEN2/ISO 18000-6C 协议,通过上位机可以单步或循环读卡,读取模块的

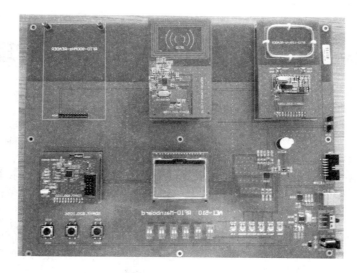

图 1 - 6 RFID 教学实验平台

输出功率等信息,可以对卡片进行写入、读取数据,锁定存储区等操作。

(4) 2.4 GHz 频段

通过上位机实时显示网络连接拓扑图,读取温度、湿度、加速度、光敏传感器的数据;数据库实现存储、读取、清空功能,可查询历史数据;反向控制,可以选择结点并进行控制。

习 题

1. 什么是射频识别技术?
2. 简述 RFID 系统的特点和结构。
3. 简述 RFID 技术的发展历史。
4. 举出几个射频识别技术在生活中的应用。

第 2 章　RFID 系统的基本原理

2.1　基本工作原理

　　标签与读卡器之间通过耦合元件实现射频信号的空间(无接触)耦合,在耦合通道内,根据时序关系,实现能量的传递和数据的交换。发生在读卡器和高频段标签之间的射频信号的耦合主要采用电感耦合,如图 2-1(a)所示。这是依据变压器模型,通过空间高频交变磁场实现耦合,依据的是电磁感应定律。

　　电感耦合的原理是:两电感线圈在同一介质中,相互的电磁场通过该介质传导到对方,形成耦合。最常见的电感耦合就如变压器,即将一个波动的电流或电压在一个线圈(称为一次绕组)内产上磁场,在同一个磁场中的另外一组或几组线圈(称为二次绕组)上就会产生相应比例的磁场(与一次绕组和二次绕组的匝数有关)。变压器就是电感线圈耦合的经典杰作。电感耦合方式一般适合于高、低频工作的近距离 RFID 系统。典型的工作频率有 125 kHz、225 kHz和 13.56 MHz。识别作用距离小于 1 m,典型作用距离为 10~20 cm。

　　射频标签与读卡器之间的耦合通过天线完成。这里的天线通常可以理解为电波传播的天线,有时也指电感耦合的天线。

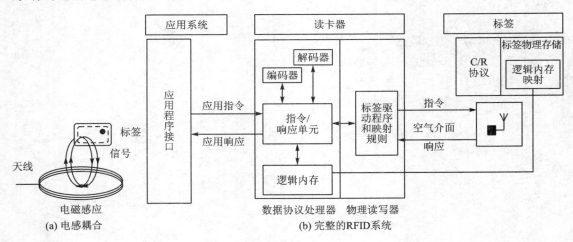

图 2-1　RFID 系统

　　如前所述,一套完整的 RFID 系统如图 2-1(b)所示由读卡器与标签,也就是所谓的应答器(transponder)及应用软件系统三部分组成。其工作原理是读卡器发射一特定频率的无线电波能量给应答器,用以驱动应答器电路将内部的数据送出,此时读卡器便依序接收解读数据,送给应用程序做相应的处理。

　　RFID 技术的基本工作原理并不复杂。首先,读卡器通过天线发送某种频率的射频信号,标签产生引导电流,当引导电流到达天线工作区的时候,标签被激活;之后,标签通过内部天线发送自己的代码信包;天线接收到由标签发射的载体信号后把信号发送给读卡器,读卡器对信号进行调整并进行译码,将调整和译码后的信号发送给主系统;然后,主系统通过逻辑操作判断信号的高低,再根据不同的设置进行相应的操作。

　　读卡器根据使用的结构和技术不同可以是读或读/写装置,是 RFID 系统信息控制和处理中心。读卡器通常由耦合模块、收发模块、控制模块和接口单元组成,如图 2-2 所示。读卡器和应答器之间一般采用半双工通信方式进行信息交换,同时读卡器通过耦合给无源应答器提供能量和时序。在实际应用中,可进一步通过 Ethernet 或 WLAN 等实现对物体识别信息的采集、处理及远程传送等管理功能。应答器是 RFID 系统的信息载体。目前,读卡器大多是由耦合原件(线圈、微带天线等)和微芯片组成无源单元。

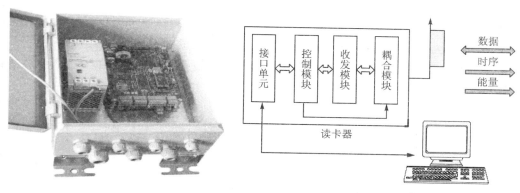

图 2-2　读卡器及其原理图

2.2　耦　合　方　式

　　RFID 操作中的一个关键技术是通过天线进行耦合,实现数据的传输转换。以 RFID 卡片读卡器及标签之间的通信及能量感应方式来看,其耦合方式大致上可以分为电感耦合(inductive coupling)和后向散射耦合(backscatter coupling)两种。一般低频段的 RFID 大都采用第一种方式,而较高频段的大多采用第二种方式。

2.2.1　电感耦合方式

　　电感耦合方式也叫近场工作方式。电感耦合方式的电路结构如图 2-3 所示。电感耦合方式的射频频率 f_c 为 13.56 MHz 和小于 135 kHz 的频段。标签与读卡器之间的工作距离一般在 1 m 以下,典型作用距离为 10~20 cm。

　　电感耦合方式的标签几乎都是无源的,其能量是从读卡器所发送的颠簸中获取的。由于读卡器产生的磁场强度受到电磁兼容性能有关标准的限制,所以系统的工作距离较近。在如图 2-3 所示的读卡器中,V_S 是射频源,L_1、C_1 构成谐振回路,R_S 是射频源的内阻,R_1 是电感线圈 L_1 损耗电阻。V_S 在 L_1 上产生高频电流 i,在谐振时电流 i 最大。高频电流 i 产生的磁场穿过线圈,并有部分磁力线穿过距读卡器电感线圈 L_1 一定距离的标签电感线圈 L_2。由于所用工作频率范围内的波长比读卡器与标签之间的距离大得多,所以两线圈间的电磁场可以当作简单的交变磁场。

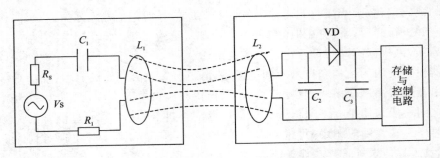

图 2-3　电感耦合方式的电路结构图

穿过电感线圈 L_2 的磁力线通过电磁感应,在 L_2 上产生电压 V_2,将其整流以后就可以产生标签工作所需要的直流电压。电容 C_2 的选择应使 L_2、C_2 构成对工作频率谐振的回路,以使电压 V_2 达到最大值。

由于电感耦合系统的效率不高,所以这种工作方式主要适用于小电流电路,标签的功耗大小对读写距离有很大的影响。

一般,读卡器向标签的数据传输可以采用多种数字调制方式,通常是较为容易实现的幅移键控(ASK)调制方式。

标签向读卡器的数据传输采用负载调制的方法。负载调制实质上是一种振幅调制,也称调幅(AM)。

2.2.2　反向散射耦合方式

反向散射耦合方式也叫远场工作方式。

电磁反向散射耦合根据雷达原理模型,发射出去的电磁波碰到目标后反射,同时携带回目标信息,依据的是电磁波的空间传播规律。

由于目标的反射性能随着频率的升高而增强,所以 RFID 反向散射耦合方式采用超高频(UHF)和特高频(SHF),标签和读卡器的距离大于 1 m,典型工作距离为 3~10 m。

RFID 反射散射耦合方式的原理框图如图 2-4 所示。

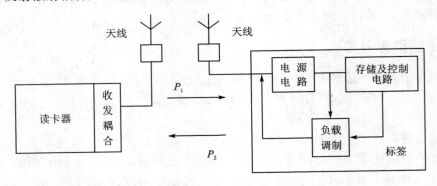

图 2-4　RFID 反射散射耦合方式的原理框图

(1) 标签的能量供给

无源标签的能量由读卡器提供,读卡器天线发射的功率 P_1 经自由空间传播后到达标签,设到达功率为 P_1',则 P_1' 中被吸收的功率经标签中的整流电路后形成标签的能量供给。

（2）读卡器到标签的数据传输

读卡器到标签的命令及数据传输应根据 RFID 相关的标准来进行编码和调制。

（3）标签到读卡器的数据传输

反射功率 P_2 经自由空间传播到读卡器，被读卡器天线接收。接收信号经收发耦合器电路传输至读卡器的接收端，经电路处理后获得相关有用信息。

电感耦合方式一般适合于中、低频段工作的近距离 RFID 系统。电磁反向散射耦合方式一般适合于高频、微波频段工作的远距离 RFID 系统。

2.3　电感耦合方式的射频前端

2.3.1　读卡器的功能与分类

1. 读卡器的功能

RFID 读卡器具有发送和接收功能，用来与标签和分离的单个物品进行通信；对接收信息进行初始化处理；连接服务器用来将信息传送到主机的数据交换与管理系统。其具体应用于 RFID 不同频道的读写、Wi-Fi/GPRS/蓝牙无线数据传输、GPS 定位、摄像头摄像、支持条形码扫描、指纹识别等。

2. 读卡器的分类

RFID 读卡器的分类有以下几种。

（1）按照工作频率分

① 低频读卡器。C5000W-L 低频 RFID 读卡器支持 125～134.2 kHz 频段的 RFID 读写。

② 高频读卡器。C5000W-A/C5000W-I 高频 RFID 读卡器支持 13.56 MHz 频段的 RFID 读写。

③ 超高频读卡器。C5000U 超高频 RFID 读卡器支持超高频段的 RFID 读写。

④ 双频读卡器。C5000W-AI 双频 RFID 读卡器支持 ISO 14443/ISO 15693 双协议的 RFID 读写。

（2）按照结构和制造方式分

① 小型读卡器。小型读卡器的天线尺寸比较小，其主要特征是通信距离短，因此适合用在零售店等不能设置较大天线的场所用于读取商品标签的地方。

② 手持式读卡器。手持式读卡器是由操作人员手工读取标签信息的设备。手持式读卡器可在内部文件系统中记录所读取的标签信息，并在读取标签信息的同时通过无线局域网等手段将接收到的信息发送给主机。手持式读卡器的内部常装有用于发射射频信号的电池。为了延长使用寿命，此类设备输出功率比较低，通信距离也比较短。

③ 平板式读卡器。由于平板式读卡器的天线大于小型读卡器的天线，因此通信距离相对较远。其多用于运货托盘管理、工程管理等常需要自动读取标签信息的场合。

④ 隧道式读卡器。一般情况下，当标签与读卡器成 90°时读写困难，隧道式读卡器在内壁

的不同方向设置了多个天线,从各个方向发射电波,因此能够正确读取隧道内各个角度的标签信息。

2.3.2　标签的功能与类别

1. 标签的功能

标签是一个微型的无线收发装置,在其内存中保存有数据,当读卡器查询它时就会发送数据给读卡器。

2. 标签的分类

(1) 按能量供应分

标签根据能量供应分为被动式、半被动(也称半主动式)和主动式三类。

① 被动式标签。被动式标签没有内部供电电源。其内部集成电路通过接收到的电磁波进行驱动。这些电磁波是由读卡器发出的。当标签接收到足够强度的信号时,可以向读卡器发出数据。这些数据不仅包括 ID 号(全球唯一标识 ID),还可以包括预先存在于标签内 EEP-ROM 中的数据。

由于被动式标签具有价格低廉,体积小巧,无须电源的优点,目前市场的标签主要是被动式的。

② 半主动式标签。一般而言,被动式标签的天线有两个任务:第一,接收读卡器所发出的信号,以驱动标签 IC;第二,标签回传信号时,需要靠天线的阻抗作切换,才能产生 0 与 1 的变化。问题是,若想要有最好的回传效率,则天线阻抗必须设计在"开路与短路",这样又会使信号完全反射,无法被标签 IC 接收。半主动式标签就是为了解决这样的问题。半主动式标签类似于被动式标签,不过它多了一个小型电池,电力恰好可以驱动标签 IC,使得 IC 处于工作的状态。这样的好处在于,天线可以不用管接收电磁波的任务,充分作为回传信号之用。比起被动式标签,半主动式标签有更快的反应速度,更好的效率。

③ 主动式标签。与被动式标签和半被动式标签不同的是,主动式标签本身具有内部电源供应器,用以供应内部 IC 所需电源以产生对外的信号。一般来说,主动式标签拥有较长的读取距离和较大的记忆体容量可以用来储存读取器所传送来的一些附加信息。

标签主要由存有识别代码的大规模集成线路芯片和收发天线构成,目前主要为无源式,使用时的电能取自天线接收到的无线电波能量。

(2) 按工作频率分

按照工作频率的不同,标签可分为低频、高频、超高频和微波等不同种类。不同频段的 RFID 工作原理不同,低频和高频频段标签一般采用电磁耦合原理,而超高频及微波频段的标签一般采用电磁发射原理。目前国际上广泛采用的频率分布于 4 种频段:低频(125 kHz)、高频(13.54 MHz)、超高频(850～910 MHz)和微波(2.45 GHz)。每一种频率都有它的特点,被用在不同的领域,因此要正确应用就要先选择合适的频率。

RFID 的频率范围非常广泛。由图 2-5 可见,RFID 的频率划分非常的宽广,应用的类型覆盖也很广。

① 低频段射频标签。简称为低频标签,其工作频率范围为 30～300 kHz。典型的工作频

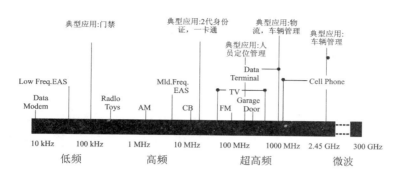

图 2-5 频率划分

率有 125 kHz 和 133 kHz。低频标签一般为无源标签,其工作能量通过电感耦合方式从读卡器耦合线圈的辐射近场中获得。低频标签与读卡器之间传送数据时,低频标签需位于读卡器天线辐射的近场区内。低频标签的阅读距离一般情况下小于 1 m。低频标签的典型应用有动物识别、容器识别、工具识别、电子闭锁防盗(带有内置应答器的汽车钥匙)等。

② 中高频段射频标签。中高频段射频标签的工作频率一般为 3～30 MHz。典型的工作频率为 13.56 MHz。该频段的标签,因其工作原理与低频标签完全相同,即采用电感耦合方式工作,所以宜将其归为低频标签类中。另一方面,根据无线电频率的一般划分,其工作频段又称为高频,所以也常将其称为高频标签。鉴于该频段的标签可能是实际应用中最大量的一种标签,因而我们只要将高、低理解成一个相对的概念,即不会造成理解上的混乱。为了便于叙述,我们将其称为中频射频标签。中频标签一般也采用无源设主,其工作能量同低频标签一样,也是通过电感(磁)耦合方式从读卡器耦合线圈的辐射近场中获得。标签与读卡器进行数据交换时,标签必须位于读卡器天线辐射的近场区内。中频标签的阅读距离一般情况下也小于 1 m。中频标签由于可方便地做成卡状,广泛应用于电子车票、电子身份证、电子闭锁防盗(电子遥控门锁控制器)、小区物业管理、大厦门禁系统等。

③ 超高频与微波频段的射频标签。简称为微波射频标签,其典型工作频率有 433.92 MHz、862(902)～928 MHz、2.45 GHz、5.8 GHz。微波射频标签可分为有源标签与无源标签两类。工作时,射频标签位于读卡器天线辐射场的远区场内,标签与读卡器之间的耦合方式为电磁耦合方式。读卡器天线辐射场为无源标签提供射频能量,将有源标签唤醒。相应的射频识别系统阅读距离一般大于 1 m,典型情况为 4～6 m,最大可达 10 m。读卡器天线一般均为定向天线,只有在读卡器天线定向波束范围内的射频标签可被读/写。由于阅读距离的增加,应用中有可能在阅读区域中同时出现多个射频标签的情况,从而提出了多标签同时读取的需求。目前,先进的 RFID 系统均将多标签识读问题作为系统的一个重要特征。超高频标签主要用于铁路车辆自动识别、集装箱识别,还可用于公路车辆识别与自动收费系统中。

以目前的技术水平来说,无源微波射频标签比较成功的产品相对集中在 902～928 MHz 工作频段上。2.45 GHz 和 5.8 GHz RFID 系统多以半无源微波射频标签产品面世。半无源标签一般采用纽扣电池供电,具有较远的阅读距离。微波射频标签的典型特点主要集中在是否无源、无线读写距离,是否支持多标签读写,是否适合高速识别应用,读卡器的发射功率容限,射频标签及读卡器的价格等方面。对于可无线写的射频标签而言,通常情况下写入距离要小于识读距离,其原因在于写入要求更大的能量。微波射频标签的数据存储容量一般限定在

2 kbit 以内,再大的存储容量似乎没有太大的意义,从技术及应用的角度来说,微波射频标签并不适合作为大量数据的载体,其主要功能在于标识物品并完成无接触的识别过程。典型的数据容量指标有 1 kbit、128 bit、64 bit 等。由 Auto – IDCenter 制定的产品电子代码 EPC 的容量为 90 bit。微波射频标签的典型应用包括移动车辆识别、电子闭锁防盗(电子遥控门锁控制器)、医疗科研等行业。

不同频率的标签有不同的特点。例如,低频标签比超高频标签便宜,节省能标签的量,穿透废金属物体力强,工作频率不受无线电频率管制的约束,最适合用于含水成分较高的物体,如水果等;超高频标签的作用范围广,传送数据速度快,但是比较耗能,穿透力较弱,作业区域不能有太多干扰,适用于监测港口、仓储等物流领域的物品;而高频标签属中短距识别,读写速度也居中,产品价格也相对便宜,比如应用在电子票证一卡通上。

目前,不同的国家对于相同波段,使用的频率也不尽相同。欧洲使用的超高频是 868 MHz,美国则是 915 MHz,日本目前不允许将超高频用到射频技术中。

目前在实际应用中,比较常用的是 13.56 MHz、860～960 MHz、2.45 GHz 等频段。近距离 RFID 系统主要使用 125 kHz、13.56 MHz 等低频和高频频段,技术最为成熟;远距离 RFID 系统主要使用 433 MHz、860～960 MHz 等超高频频段,以及 2.45 GHz、5.8 GHz 等微波频段,目前还多在测试当中,没有大规模应用。

我国在低频和高频频段标签芯片设计方面的技术比较成熟,高频频段方面的设计技术接近国际先进水平,已经自主开发出符合 ISO 14443 TypeA、TypeB 和 ISO 15693 标准的 RFID 芯片,并成功地应用于交通一卡通和第二代身份证等。

(3) 按读写性分

根据标签的读写性分为只读、一次写入多次读与多次读写标签。

① 只读标签。只读标签内部只有只读存储器(ROM)和随机存储器(RAM)。ROM 用于存储发射器操作系统程序和安全性要求较高的数据,它与内部的处理器或逻辑处理单元完成内部的操作控制功能,如响应延迟时间控制、数据流控制、电源开关控制等。RAM 用于存储标签反应和数据传输过程中临时产生的数据。只读标签中除了 ROM 和 RAM 外,一般还有缓冲存储器,用于临时存储调制后等待天线发送的信息。

② 可多次读写标签内部的存储器除了 ROM、RAM 和缓冲存储器之外,还有非活动可编程记忆存储器。非活动可编程记忆存储器有许多种,EEPROM(电可擦除可编程只读存储器)是比较常见的一种。这种存储器在加电的情况下,可以实现原有数据的擦除以及重新写入。

2.4　天　线

2.4.1　天线的工作模式

与 RFID 系统的耦合方式相对应,天线的工作方式分为近场天线工作模式和远场天线工作模式。

1. 近场天线工作模式

感应耦合模式主要是指读卡器天线和标签天线都采用线圈形式。当读卡器在阅读标签时,发出未经调制的信号,处于读卡器天线近场的标签天线接收到该信号并激活标签芯片之后,由标签芯片根据内部存储的全球唯一的识别号(ID)控制标签天线中电流的大小。这一电流的大小进一步增强或者减小读卡器天线发出的磁场。这时,读卡器的近场分量展现出被调制的特性,读卡器内部电路检测到这个由于标签而产生的调制量并解调得到标签信息。当 RFID 的线圈天线进入读卡器产生的交变磁场中,RFID 天线与读卡器天线之间的相互作用就类似于变压器,两者的线圈相当于变压器的一次绕组和二次绕组。由 RFID 的线圈天线形成的谐振回路,包括 RFID 天线的线圈电感 L、寄生电容 C_p 和并联电容 C_r,其谐振频率为

$$f = \frac{1}{2\pi \sqrt{LC}}$$

式中:C 为 C_p 和 C_r 的并联等效电容。

　　RFID 应用系统就是通过这一频率载波实现双向数据通信的。常用的 ID - 1 型非接触式IC 卡的外观为一小型的塑料卡($85.72\ \text{mm} \times 54.03\ \text{mm} \times 0.76\ \text{mm}$),天线线圈谐振工作频率通常为 $13.56\ \text{MHz}$。目前已研发出面积最小为 $0.4\ \text{mm} \times 0.4\ \text{mm}$ 线圈天线的短距离 RFID应用系统。

　　某些应用要求 RFID 天线线圈外形很小,且需一定的工作距离,如用于动物识别的 RFID,但如若线圈外形(即面积)小,RFID 与读卡器间的天线线圈互感 M 不能满足实际需要,作为补救措施通常在 RFID 天线线圈内插入具有较高的磁导率 p 的铁氧体,以增大互感,从而补偿线圈横截面减小产生的缺陷。

2. 远场天线工作模式

　　在反向散射工作模式中,读卡器和标签之间采用电磁波来进行信息的传输。当读卡器对标签进行阅读识别时,首先发出未经调制的电磁波,此时位于远场的标签天线接收到电磁波信号并在天线上产生感应电压,标签内部电路将这个感应电压进行整流并放大用于激活标签芯片。当标签芯片被激活之后,用自身的全球唯一标识号对标签芯片阻抗进行变换,当标签天线和标签芯片之间的阻抗匹配较好时基本不反射信号;而阻抗匹配不好时,则将几乎全部反射信号,这样反射信号就出现了振幅的变化,这种情况类似于对反射信号进行幅度调制处理。读卡器通过接收到经过调制的反射信号判断该标签的标识号并进行识别。

　　远场天线主要包括微带贴片天线、偶极子天线和环形天线。

　　微带贴片天线是由贴在带有金属地板的介质基片上的辐射贴片导体所构成的。根据天线辐射特性的需要,可把贴片导体设计为各种形状。通常,贴片天线的辐射导体与金属地板的距离为几十分之一波长。假设辐射电场沿导体的横向与纵向两个方向没有变化,仅沿约半波长的导体长度方向变化,则微带贴片天线的辐射基本上是由贴片导体开路边沿的边缘场引起的,辐射方向基本确定,因此一般适用于通信方向变化不大的 RFID 应用系统中。

　　在远距离耦合的 RFID 应用系统中,最常用的是偶极子天线(又称对称振子天线)。偶极子天线由处于同一直线上的两段粗细和长度均相同的直导线构成,信号由位于其中心的两个端点馈入,使得在偶极子的两臂上将产生一定的电流分布,从而在天线周围空间激发出电磁场。求取辐射场电场的公式为

$$E_\theta = \int_{-l}^{l} dE_\theta = \int_{-l}^{l} \frac{60\alpha I_z}{r} \sin\theta \cos(\alpha z \cos\theta) dz$$

式中:I_z 为沿振子臂分布的电流;α 为相位常数;r 是振子中观察点的距离;θ 为振子轴到 r 的夹角;l 为单个振子臂的长度。同样,也可以得到天线的输入阻抗、输入回波损耗、带宽和天线增益等特性参数。

当单个振子臂的长度 $l=\lambda/4$ 时(半波振子),输入阻抗的电抗分量为零,天线输出为一个纯电阻。在忽略电流在天线横截面积内不均匀分布的条件下,简单的偶极子天线设计可以取振子的长度 l 为 $\lambda/4$ 的整数倍,如工作频率为 2.45 GHz 的半波偶极子天线,其长度约为 6 cm。

2.4.2　天线基本参数

1. 方向图

天线的方向图又称波瓣图,是天线辐射场大小在空间的相对分布随方向变化的图形。天线的辐射场都具有方向性,方向性就是在相同距离条件下天线辐射场的相对值与空间方向(子午角 θ、方位角 φ)的关系,其常用下面的归一化函数 $F(\theta,\varphi)$ 表示:

$$F(\theta,\varphi) = \frac{f(\theta,\varphi)}{f_{\max}(\theta,\varphi)} = \frac{|E(\theta,\varphi)|}{|E_{\max}|}$$

式中:$f_{\max}(\theta,\varphi)$,为方向函数的最大值;$E_{\max}$ 为最大辐射方向上的电场强度;$E(\theta,\varphi)$ 为同一距离(θ,φ)方向上的电场强度。

天线方向性系数的一般表达式为

$$D = \frac{4\pi}{\displaystyle\int_0^{2\pi} |F(\theta,\varphi)|^2 \sin\theta\mathrm{d}\theta\mathrm{d}\phi}$$

其中:$D\geqslant 1$,对于无方向性天线才有 $D=1$。D 越大,天线辐射的电磁能量就越集中,方向性就越强。它与天线增益密切相关。

实际天线因为导体本身和其绝缘介质都要产生损耗,导致天线实际辐射功率 P_r 小于发射机提供的输入功率 P_{in},因此定义其比值为天线的工作效率:

$$\eta = \frac{P_r}{P_{in}}$$

2. 增　益

增益是指在输入功率相等的条件下,实际天线与理想辐射单元在空间同一点处所产生的信号功率密度之比,它定量地描述天线把输入功率集中辐射的程度。增益 G 定义为方向性系数与效率的乘积:

$$G = D\eta$$

3. 天线的极化

极化特性是指天线在最大辐射方向上电场矢量的方向随时间变化的规律。具体就是在空间某一固定位置上,电场矢量的末端随时间变化所描绘的图形。该图形如果是直线,就称为线极化;如果是圆,就称为圆极化。线极化又可以分成垂直极化和水平极化;圆极化可分成左旋和右旋圆极化。当电场矢量绕传播方向左旋变化时,称为左旋圆极化;当电场矢量绕传播方向右旋变化时,称为右旋圆极化。圆极化波入射到一个对称目标上时,反射波是反旋向的。假如沿波的方向看去,当它的电场矢量矢端轨迹是椭圆时,则称该天线为椭圆极化波,其同样分左右旋,区别方法同圆极化波。图 2 - 6 所示为极化示意图。

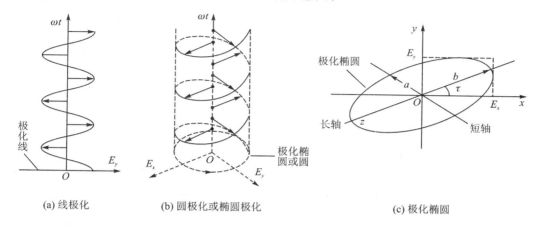

(a) 线极化　　　　　　　　(b) 圆极化或椭圆极化　　　　　　　　　(c) 极化椭圆

图 2 - 6　天线极化方式

4. 频带宽度

当天线工作频率变化时,天线的有关电参数变化的程度在所允许的范围内,所对应的频率范围称为频带宽度(band width)。它有两种不同的定义:

① 在 VSWR(驻波比)≤2 的条件下,天线的工作频带宽度。

② 天线增益下降 3 dB 范围内的频带宽度。

根据频带宽度的不同,可以把天线分为窄频带天线、宽频带天线和超宽频带天线。若天线的最高工作频率为 f_{max},最低工作频率为 f_{min},对于窄频带天线,一般采用相对带宽,即用 $|(f_{max} - f_{min})/f_0| \times 100\%$ 来表示其频带宽度;而对于超宽频带天线,常用绝对带宽,即 f_{max}/f_{min} 来表示其频带宽度。

2.4.3　天线设计要求

1. 读卡器天线

对于近距离 13.56 MHz 的 RFID 应用,比如门禁系统,天线一般与读卡器集成在一起,对于远距离 13.56 MHz 或者超高频频段的 RFID 系统,天线与读卡器采用分离式结构,并通过阻抗匹配的同轴电缆连接到一起。由于结构、安装和使用环境的多样性,以及小型化的要求,天线设计面临新的挑战。读卡器天线的设计要求低剖面、小型化以及宽频段覆盖。

2. 应答器天线

天线的目标是传输最大的能量进入标签芯片,这需要仔细地设计与标签芯片的匹配,当工作频率增加到尾端频段时,天线与标签芯片间的匹配问题比较重要。RFID 应用中,芯片的输入阻抗可能是任意值,并且很难在工作状态下准确测试,缺少准确的参数,天线设计难以达到最佳。相应的小尺寸以及低成本等要求也对天线的设计带来挑战,天线的设计面临许多问题。

标签天线的特性受所标识物体的形状及物理特性的影响,而标签到贴标签的物体的距离、贴标签物体的介电常数、金属表面的发射和辐射模式等都将影响到天线的设计。

2.5　谐振回路

按电路连接的不同,有串联谐振和并联谐振两种。

1. 串联谐振回路

将串联谐振回路简化成图2-7。

串联谐振在具有电阻R、电感L和电容C元件的交流电路中,电路两端的电压与其中电流位相一般是不同的。如果调节电路元件(L或C)的参数或电源频率,可以使它们位相相同,从而整个电路呈现为纯电阻性。电路达到这种状态称之为谐振。在谐振状态下,电路的总阻抗达到极值或近似达到极值。研究谐振的目的就是要认识这种客观现象,并在科学和应用技术上充分利用谐振的特征,同时又要预防它所产生

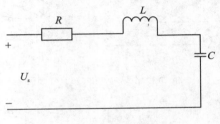

图2-7　串联谐振回路

的危害。在电阻、电感及电容所组成的串联电路内,当容抗X_C与感抗X_L相等时,即$X_C = X_L$,电路中的电压U与电流I的相位相同,电路呈现纯电阻性,这种现象叫串联谐振(也称为电压谐振)。当电路发生串联谐振时,电路的阻抗$Z = \sqrt{R^2 + (X_C - X_L)^2} = R$,电路中总阻抗最小,电流将达到最大值。

图2-7中,在可变频的电压U_s的激励下,由于感抗、容抗随频率变动,所以电路中的电压、电流相应地也随频率变动。电路中电感和电容串联在一起,根据电路知识可知,该电路会发生串联谐振,电路的阻抗为$Z = R + j\left(\omega L - \dfrac{1}{\omega C}\right)$。当频率为$\omega_0$时发生谐振,即$\omega_0 L = \dfrac{1}{\omega_0 C}$。此时电路呈现纯阻性,$Z = R$。$\omega_0$是谐振角频率,是电路的固有频率,仅与电路有关的参数相关。

串联电路适合使用内阻电源(理想电压源)。

2. 并联谐振回路

标签部分的电路中,电感和电容是并联的,所以发生并联谐振,电容的大小恰恰使电路中的电压与电流同相位,电源电能全部为电阻消耗,成为电阻电路。图2-8所示为并联谐振回路。

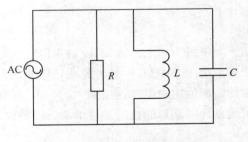

图2-8　并联谐振回路

电路的导纳$Y = G + j\left(\omega C - \dfrac{1}{\omega L}\right)$,当频率为$\omega_0$时发生谐振,即$\omega_0 L = \dfrac{1}{\omega_0 C}$,此时电路呈现纯阻性,$Y = G$。$\omega_0$是谐振角频率,是电路的固有频

率,仅与电路有关的参数相关。发生谐振时,从 L、C 两端看进去的等效导纳为零,即阻抗为无限大,相当于开路。发生并联谐振时,在电感和电容元件中流过很大的电流,因此会造成电路的熔断器熔断或烧毁电气设备的事故;但在无线电工程中,往往用来选择信号和消除干扰。

2.6　电磁波的传播

RFID 系统中的读卡器和标签通过各自的天线构建了两者之间非接触的信息传输信道。这种信息传输信号的性能完全由天线周围的场区决定,遵循电磁传播的基本规律。

电波受媒质和媒质交界面的作用,产生反射、散射、折射、绕射和吸收等现象,使电波的特性参量(如幅度、相位、极化、传播方向等)发生变化。电波传播已形成电子学的一个分支,它研究无线电波与媒质间的这种相互作用,阐明其物理机理,计算传播过程中的各种特性参量,为各种电子系统工程的方案论证、最佳工作条件选择和传播误差修正等提供数据和资料。根据电波传播原理,用无线电波来进行探测,是研究电离层、磁层等的有效手段。电波传播研究为大气物理和高层大气物理等的研究提供探测方法、大批资料和数据分析的理论基础。

电磁波频谱的范围极其宽广,是一种巨大的资源。电波传播的研究是开拓利用这些资源的重要方面。它主要研究几赫兹(有时远小于 1 Hz)到 3000 GHz 的无线电波,同时也研究 3000 GHz～384 THz 的红外线、384～770 THz 的光波的传播问题。

电波传播所涉及的媒质有地球(地下、水下和地球表面等)、地球大气(对流层、电离层和磁层等)、日地空间以及星际空间等。这些媒质多数是自然界存在的,但也有许多人工产生的,如火箭喷焰等离子体和飞行器再入大气层时产生的等离子体等,也是电波传播的研究对象。这些媒质的结构千差万别,电气特性各异。但就其在传播过程中的作用可以分为三种类型:连续的(均匀的或不均匀的)传播媒质,如对流层和电离层等;媒质间的交界面(粗糙的或光滑的),如海面和地面等;离散的散射体,如雨滴、雪、飞机、导弹等,它可以是单个的,也可以是成群的。这些媒质的特性多数随时间和空间而随机地变化。因而与它相互作用的波的幅度和相位也随时间和空间而随机变化。因此,媒质和传播波的特性需要用统计方法来描述。

2.6.1　电磁波的频谱

在 RFID 系统中,特定频率范围内的无线电波经过编码,在读卡器和标签之间传输信息。整个电磁波包括伽马射线、X 射线、紫外线、可见光、红外线、微波和无线电磁波,它们的不同之处在于波长或频率。无线电波可进一步划分成低频、高频、超高频和微波。RFID 技术一般采用的都是这些范围内的无线电波,通过无线电波进行能量的辐射,可以将电波描述成光子流。每个光子都以电波的形式进行光速运动,每个光子都携带一定大小的能量,不同电磁波辐射之间的区别在于光子携带的能量。无线电波的光子能量最低,微波比无线电波能量高一点,红外线能量最高。电磁波频谱可以通过能量、频率或者波长来表示,但是由于无线电波的能量都很低,通常采用频率和波长来描述。波的特性是频率 f、波长 λ 和速度 v,可通过公式 $v=\lambda f$ 实现相互转换。图 2-9 所示为电磁波频谱的划分。

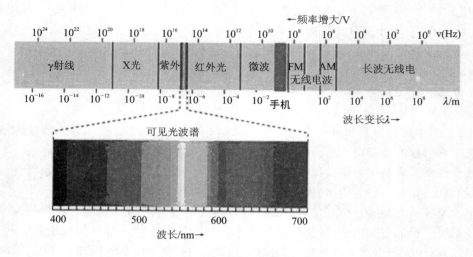

图 2 - 9　电磁波频谱

2.6.2　电磁波的自由空间传播

所谓自由空间是指理想的电磁波传播环境。自由空间传播损耗的实质是因电波扩散损失的能量,其特点是接收电平与距离的二次方以及频率的二次方均成反比。

在图 2 - 10 所示的电磁波自由空间传播中,T 为发射天线,R 为接收天线,T 与 R 相距 d。若发送端的发射频率 P_t 采用无方向性天线时,距离 d 处的球形面积为 $4\pi d^2$。因此在接收天线的位置上,每单位面积上的功率为 $\dfrac{P_t}{4\pi d^2}$。如果接收端用的是无方向性的天线,根据天线理论,此时天线的有效面积是 $\dfrac{\lambda^2}{4\pi}$。因此,接收到的功率为

$$P_r = \frac{P_t}{4\pi d^2} \cdot \frac{\lambda^2}{4\pi} = P_t \left(\frac{\lambda}{4\pi d}\right)^2 = P_t \left(\frac{c}{4\pi df}\right)^2$$

路径损耗为

$$L_s = \frac{P_t}{P_r} = \left(\frac{4\pi d}{\lambda}\right)^2 = \left(\frac{4\pi df}{c}\right)^2$$

式中:f 为信号的频率;c 为光速;λ 为信号波长。

自由空间损耗的分贝值为

$$L_s = 92.4 + 20\lg d + 20\lg f$$

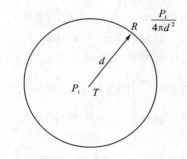

图 2 - 10　电磁波自由空间传播

2.6.3　电波的多径传播和衰落

电波在传播的过程中,可能长期受到慢衰落和短期快衰落。

1. 电波传播的长期慢衰落

长期慢衰落是由传播路径上的固定障碍物(如建筑物、山丘、树林等)的阴影引起的,因此又称为阴影衰落。由阴影引起的信号衰落是缓慢的,且衰落的速率与工作频率无关,只与周围地形、地物的分布、高度和物体的移动速度有关。

　　长期慢衰落一般表示为电波传播距离的凭据损耗(dB)加上一个正态对视分量,其表达式为

$$L = L_d + X_\sigma$$

式中:L_d 是距离因素造成的电波损耗;X_σ 是满足正态分布的随机变量,其均值为 0,方差为 σ^2,移动通信环境中 σ^2 的典型值为 8~10 dB。

2. 电波传播的短期快衰落

　　由于电波具有反射、折射、绕射的特性,因此接收端所接收到的电波信号可能是从发送端发送的电波经过反射、折射、绕射的信号的叠加,即接收信号是发送信号经过多种传播途径的叠加信号。另外,反射、折射、绕射物体的位置可能随时间的变化而变化,因此所接收到的多径信号可能在这一时刻与下一时刻不同,即接收端所接收到的信号具有时变特性。无线通信中的电波传播经常受到这种多径时变的影响。

　　考察信道对发送信号的影响,发送信号一般可以表示为

$$s(t) = \mathrm{Re}[s_1(t)\mathrm{e}^{\mathrm{j}2\pi f_c t}]$$

　　假设存在多条传播路径,且与每条路径有关的是时变的传播时延和衰减因子,则接收到的带通信号为

$$x(t) = \sum_n a_n s[t - \tau_n(t)] = \sum_n \{a_n \mathrm{e}^{-\mathrm{j}2\pi f_c \tau_n(t)} s_1[t - \tau_n(t)]\}\mathrm{e}^{\mathrm{j}2\pi f_c t}$$

式中:$a_n(t)$ 是第 n 条传播路径的时变衰减因子;$\tau_n(t)$ 是第 n 条传播路径的时变传播时延;$s_1(t)$ 是发送信号的等效低通信号。

　　可以看出,接收信号的等效低通信号为

$$x_1(t) = \sum_n a_n(t)\mathrm{e}^{-\mathrm{j}2\pi f_c \tau_n(t)} s_1[t - \tau_n(t)]$$

而等效低通信道可以用下面的时变冲激响应表示为

$$c(\tau;t) = \sum_n a_n(t)\mathrm{e}^{-\mathrm{j}2\pi f_c \tau_n(t)}\delta[t - \tau_n(t)]$$

习　题

　　1. 详细说明 RFID 的工作原理。
　　2. 简述天线的工作机理。
　　3. 标签一般分几类,有什么区别?
　　4. 读卡器的功能有哪些,可以分成几类?

第3章　RFID 技术的标准协议

目前，RFID 技术还未形成统一的全球化标准，市场走向多标准的统一已经得到业界的广泛认同。RFID 系统也可以说主要是由数据采集和后台数据库网络应用系统两大部分组成。目前已经发布或者是正在制定中的标准主要是与数据采集相关的，其中包括标签与读卡器之间的空中接口、读卡器与计算机之间的数据交换协议、标签与读卡器的性能和一致性测试规范以及标签的数据内容编码标准等。后台数据库网络应用系统目前并没有形成正式的国际标准，只有少数产业联盟制定了一些规范，现阶段还在不断演变中。

信息技术发展到今天，已经没有多少人还对标准的重要性持有任何怀疑态度。RFID 技术标准之争非常激烈，各行业都在发展自己的 RFID 技术标准，这也是 RFID 技术目前国际上没有统一标准的一个原因。关键是 RFID 技术不仅与商业利益有关，甚至还关系到国家或行业利益与信息安全。

目前全球有五大 RFID 技术标准化势力，即 ISO/IEC、EPC global、Ubiquitous ID Center、AIM global 和 IP - X。其中，前 3 个标准化组织势力较强大；而 AMI 和 IP - X 的势力则相对弱小。这五大 RFID 技术标准化组织纷纷制定 RFID 技术相关标准，并在全球积极推广这些标准。

3.1　全球三大标准体系比较

1. ISO 制定的 RFID 技术标准体系

RFID 技术标准化工作最早可以追溯到 20 世纪 90 年代。1995 年 ISO（国际标准化组织）/IEC（国际电工技术委员会）联合技术委员会 JTCl 设立了子委员会 SC31（以下简称 SC31），负责 RFID 技术标准化研究工作。SC31 委员会由来自各个国家的代表组成，如英国的 BSI IST34 委员、欧洲的 CEN TC225 成员。他们既是各大公司的内部咨询者，也是不同公司利益的代表者，因此在 ISO 标准的制定过程中，有企业、区域标准化组织和国家三个层次的利益代表者。SC31 子委员会负责的 RFID 技术标准可以分为四个方面：数据结构标准（如编码标准 ISO/IEC 15961、数据协议 ISO/IEC 15962、ISO/IEC 15963，解决了应用程序、标签和空中接口多样性的要求，提供了一套通用的通信机制）、技术标准（ISO/IEC 18000 系列）、性能标准（性能测试标准 ISO/IEC 18047 和一致性测试标准 ISO/IEC 18046）、应用标准（ISO/IEC 17363 产品包装）等。图 3 - 1 所示为 RFID 技术的国际标准。图 3 - 2所示为 RFID 系统与 ISO/IEC 数据标准和空中接口标准的关系图。

这些标准涉及 RFID 标签、空中接口、测试标准、读卡器与应用程序之间的数据协议，它们考虑的是所有应用领域的共性要求。

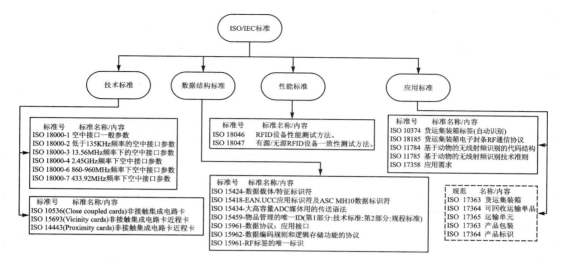

图 3-1　RFID 技术的国际标准

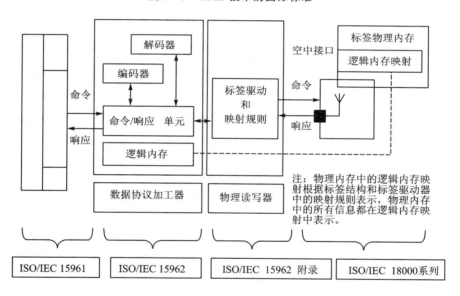

注：物理内存中的逻辑内存映射根据标签结构和标签驱动器中的映射规则表示，物理内存中的所有信息都在逻辑内存映射中表示。

图 3-2　RFID 系统与 ISO/IEC 数据标准和空中接口标准的关系图

　　ISO 对于 RFID 技术的应用标准是由相关的子委员会制定的。RFID 技术在物流供应链领域中应用方面的标准由 ISO TC 122/104 联合工作组负责制定，包括 ISO 17358 应用要求、ISO 17363 货运集装箱、ISO 17364 装载单元、ISO 17365 运输单元、ISO 17366 产品包装、ISO 17367 产品标签。RFID 技术在动物追踪方面的标准由 ISO TC 23 SCl9 来制定，包括 ISO 11784/11785 动物 RFID 畜牧业的应用，ISO 14223 动物 RFID 畜牧业的应用——高级标签的空中接口、协议定义。从 ISO 制定的 RFID 技术标准内容来说，RFID 技术的应用标准是在 RFID 编码、空中接口协议、读卡器协议等基础标准之上，针对不同的使用对象，确定了使用条件、标签尺寸、标签粘贴位置、数据内容格式、使用频段等方面特定应用要求的具体规范，同时也包括数据的完整性、人工识别等其他一些要求。通用标准提供了一个基本框架，应用标准是对它的补充和具体规定。这一标准制定思想，既保证了 RFID 技术具有互通与互操作性，又兼顾了应用领域的特点，能够很好地满足应用领域的具体要求。

2. EPC global

与 ISO 通用性 RFID 技术标准相比，EPC global 标准体系是面向物流供应链领域的，可以被看成是一个应用标准。EPC global 的目标是解决供应链的透明性和追踪性。透明性和追踪性是指供应链各环节中所有合作伙伴都能够了解单件物品的相关信息，如位置、生产日期等信息。为此，EPC global 制定了 EPC 编码标准，用以实现对所有物品提供单件唯一标识，也制定了空中接口协议、读卡器协议。这些协议与 ISO 标准体系类似。在空中接口协议方面，目前 EPC global 的策略尽量与 ISO 兼容，如 CiGen2 UHF RFID 技术标准递交 ISO 将成为 ISO 18000 6C 标准。但 EPC global 空中接口协议有它的局限范围，仅仅关注 UHF 860～930 MHz。除了信息采集以外，EPC global 非常强调供应链各方之间的信息共享，为此制定了信息共享的物联网相关标准，包括 EPC 中间件规范、对象名解析服务 ONS(object naming service)、物理标记语言(physical markup language, PML)。这样，从信息的发布、信息资源的组织管理、信息服务的发现以及大量访问之间的协调等方面作出规定。"物联网"是基于因特网的，与因特网具有良好的兼容性。物联网标准是 EPC global 所特有的，ISO 仅仅考虑自动身份识别与数据采集的相关标准，数据采集以后如何处理、共享并没有作规定。物联网是未来的一个目标，对当前应用系统建设来说具有指导意义。

3. 日本 UID 制定的 RFID 技术标准体系

日本泛在 ID(Ubiquitous ID, UID)中心制定 RFID 技术相关标准的思路类似于 EPC global，目标也是构建一个完整的标准体系，即从编码体系、空中接口协议到泛在网络体系结构，但是每一部分的具体内容存在差异。为了制定具有自主知识产权的 RFID 技术标准，在编码方面制定了 uCode 编码体系，它能够兼容日本已有的编码体系，同时也能兼容国际其他的编码体系。在空中接口方面积极参与 ISO 的标准制定工作，也尽量考虑与 ISO 相关标准兼容。在信息共享方面主要依赖于日本的泛在网络，它可以独立于因特网实现信息的共享。泛在网络与 EPC global 的物联网还是有区别的。EPC 采用业务链的方式，面向企业，面向产品信息的流动(物联网)，比较强调与互联网的结合。UID 采用扁平式信息采集分析方式，强调信息的获取与分析，比较强调前端的微型化与集成。

4. AIM global

AIM global 即全球自动识别组织。AIDC(automatic identification and data collection)组织原先制定通行全球的条形码标准，于 1999 年另成立了 AIM(automatic identification manufacturers)组织，目的是推出 RFID 技术标准。AIM 全球有 13 个国家与地区性的分支，且目前其全球会员数已快速累积超过 1 000 个。

5. IP - X

IP - X 即南非、澳大利亚、瑞士等国的 RFID 技术标准组织。

6. ISO/IEC 的 RFID 技术标准体系中主要标准介绍

（1）空中接口标准

空中接口标准体系定义了 RFID 不同频段的空中接口协议及相关参数。所涉及的问题包括时序系统、通信握手、数据帧、数据编码、数据完整性、多标签读写防冲突、干扰与抗干扰、识读率与误码率、数据的加密与安全性、读卡器与应用系统之间的接口等问题，以及读卡器与标签之间进行命令和数据双向交换的机制、标签与读卡器之间互操作性问题。

（2）数据格式管理标准

数据格式管理是对编码、数据载体、数据处理与交换的管理。数据格式管理标准系统主要规范物品编码、编码解析和数据描述之间的关系。

（3）信息安全标准

标签与读卡器之间、读卡器中间件之间、中间件与中间件之间以及 RFID 相关信息网络方面均需要相应的信息安全标准支持。

（4）测试标准

对于标签、读卡器、中间件根据其通用产品规范制定测试标准；针对接口标准制定相应的一致性测试标准。测试标准包括编码一致性测试标准、标签测试标准、读卡器测试标准、空中接口一致性测试标准、产品性能测试标准、中间件测试标准。

（5）网络服务规范

网络协议是完成有效、可靠通信的一套规则，是任何一个网络的基础，包括物品注册、编码解析、检索与定位服务等。

（6）应用标准

RFID 技术标准包括基础性和通用性标准以及针对事务对象的应用（如动物识别、集装箱识别、身份识别、交通运输、军事物流、供应链管理等）标准，是根据实际需求制定的相应标准。

7. 三大标准体系空中接口协议的比较

目前，ISO/IEC 18000、EPC global、日本 UID 三个空中接口协议正在完善中。这三个标准相互之间并不兼容，主要差别在通信方式、防冲突协议和数据格式这三个方面，在技术方面的差距其实并不大。这三个标准都按照 RFID 的工作频率分为多个部分。在这些频段中，以 13.56 MHz 频段的产品最为成熟，处于 860～960 MHz 内的 UHF 频段的产品因为工作距离远且最可能成为全球通用的频段而最受重视，发展最快。

ISO/IEC 18000 标准是最早开始制定的关于 RFID 技术的国际标准，按频段被划分为七个部分。目前支持 ISO/IEC 18000 标准的 RFID 产品最多。EPC global 是由 UCC 和 EAN 两大组织联合成立、吸收了麻省理工学院 Auto-ID 中心的研究成果后推出的系列标准草案。EPC global 最重视 UHF 频段的 RFID 产品，极力推广基于 EPC 编码标准的 RFID 产品。目前，EPC global 标准的推广和发展十分迅速，许多大公司（如沃尔玛等）都是 EPC 标准的支持者。日本的 UID 中心一直致力于本国标准的 RFID 产品开发和推广，拒绝采用美国的 EPC 编码标准。与美国大力发展 UHF 频段 RFID 不同的是，日本对 2.4 GHz 微波频段的 RFID 似乎更加青睐，目前日本已经开始了许多 2.4 GHz RFID 产品的实验和推广工作。标准的制定面临越来越多的知识产权纠纷。不同的企业都想为自己的利益努力。同时，EPC 在努力成为

ISO 的标准,ISO 最终如何接受 EPC 的 RFID 标准,还有待观望。全球标准的不统一,硬件产品的兼容方面必然不理想,阻碍应用。

EPC globol 与日本 UID 标准体系有以下主要区别:

(1) 编码标准不同

EPC global 使用 EPC 编码,代码为 96 位。日本 UID 使用 uCode 编码,代码为 128 位。uCode 的不同之处在于能够继续使用在流通领域中常用的"JAN 代码"等现有的代码体系。uCode 使用 UID 制定的标识符对代码种类进行识别。比如,希望在特定的企业和商品中使用 JAN 代码时,在 IC 标签代码中写入表示"正在使用 JAN 代码"的标识符即可。同样,在 uCode 中还可以使用 EPC。

(2) 根据 IC 标签代码检索商品详细信息的功能上有区别

EPC global 中心的最大前提条件是经过网络,而 UID 中心还设想了离线使用的标准功能。

Auto ID 中心和 UID 中心在使用互联网进行信息检索的功能方面基本相同。UID 中心使用名为"读卡器"的装置,将所读取到的 ID 标签代码发送到数据检索系统中。数据检索系统通过互联网访问 UID 中心的"地址解决服务器"来识别代码。

除此之外,UID 中心还设想了不通过互联网就能够检索商品详细信息的功能。具体来说,就是利用具备便携信息终端(PAD)的高性能读卡器,预先把商品的详细信息保存到读卡器中,即便不接入互联网,也能够了解与读卡器中 IC 标签代码相关的商品详细信息。UID 中心认为:如果必须随时接入互联网才能得到相关信息,那么其方便性就会降低;如果最多只限定 2 万种药品等商品,将所需信息保存到 PDA 中就可以了。

(3) 采用的频段不同

日本的 RFID 采用的频段为 2.45 GHz 和 13.56 MHz;欧美的 EPC 标准采用 UHF 频段,如 902~928 MHz。此外日本的电子标签标准可用于库存管理、信息发送和接收以及产品和零部件的跟踪管理等;而 EPC 标准则侧重于物流管理、库存管理等。

3.2　全球 RFID 产业发展分析

从全球的范围来看,美国已经在 RFID 技术标准的建立、相关软硬件技术的开发、应用领域等方面走在了世界的前列。欧洲的 RFID 技术标准追随美国主导的 EPC global 标准。在封闭系统应用方面,欧洲与美国基本处在同一阶段。日本虽然已经提出 UID 标准,但主要得到的是本国厂商的支持,如要成为国际标准还有很长的路要走。RFID 在韩国的重要性得到了加强,政府给予了高度重视,但至今韩国在 RFID 技术标准上仍模糊不清。

1. 美　国

在产业方面,TI、Intel 等美国集成电路厂商目前都在 RFID 领域投入巨资进行芯片开发。Symbol 等已经研发出同时可以阅读条形码和 RFID 的扫描器。IBM、Microsoft 和 HP 等公司也在积极开发相应的软件及系统来支持 RFID 技术的应用。目前,美国的交通、车辆管理、身份识别、生产线自动化控制、仓储管理及物资跟踪等领域已经开始逐步应用 RFID 技术。在物流方面,美国已有 100 多家企业承诺支持 RFID 技术应用,这其中包括:零售商沃尔玛,制造商吉列、强生、宝洁,物流行业的联合包裹服务公司,以及政府方面国防部的物流应用。

另外,值得注意的是,美国政府是 RFID 技术应用的积极推动者。按照美国防部的合同规定,2004 年 10 月 1 日或者 2005 年 1 月 1 日以后,所有军需物资都要使用 RFID 标签;美国食品及药物管理局(FDA)建议制药商从 2006 年起利用 RFID 技术跟踪最常造假的药品;美国社会福利局(SSA)于 2005 年年初正式使用 RFID 技术追踪 SSA 的各种表格和手册。

2. 欧　洲

在产业方面,欧洲的 Philips、STMicroelectronics 公司在积极开发廉价的 RFID 芯片;Checkpoint 公司在开发支持多系统的 RFID 识别系统;诺基亚公司在开发能够基于 RFID 技术的移动电话购物系统;SAP 则在积极开发支持 RFID 技术的企业应用管理软件。在应用方面,欧洲在诸如交通、身份识别、生产线自动化控制、物资跟踪等封闭系统与美国基本处在同一阶段。目前,欧洲许多大型企业都纷纷进行 RFID 技术的应用实验。例如,英国的零售企业 Tesco 最早于 2003 年 9 月结束了第一阶段试验。试验由该公司的物流中心和英国的两家商店进行,试验是对物流中心和两家商店之间的包装盒及货盘的流通路径进行追踪,使用的是 915 MHz 频带。

3. 日　本

日本是一个制造业强国,它在 RFID 标签研究领域起步较早,政府也将 RFID 作为一项关键的技术来发展。日本邮电部(ministry of public management,home affairs,posts and tele-communications,MPHPT)在 2004 年 3 月发布了针对 RFID 的《关于在传感网络时代运用先进的 RFID 技术的最终研究草案报告》,报告称 MPHPT 将继续支持测试在 UHF 频段的被动及主动的 RFID 技术,并在此基础上进一步讨论管制的问题;2004 年 7 月,日本经济产业省 METI 选择了七大产业做 RFID 技术的应用试验,包括消费电子、书籍、服装、音乐 CD、建筑机械、制药和物流。

3.3　不同频率的标签与标准

1. 低频标签与标准

低频段射频标签简称为低频标签,其工作频率范围为 30～300 kHz,典型工作频率有 125 kHz、133 kHz。低频标签一般为被动标签,其电能通过电感耦合方式从读卡器天线的辐射近场中获得。低频标签与读卡器之间传送数据时,低频标签需位于读卡器天线辐射的近场区内。低频标签的阅读距离一般情况下小于 1.2 m。低频标签的典型应用有动物识别、容器识别、工具识别、电子闭锁防盗(带有内置应答器的汽车钥匙)等。与低频标签相关的国际标准有 ISO11784/11785(用于动物识别)、ISO18000 - 2(125～135 kHz)。

2. 中频标签与标准

中频段射频标签简称中频标签,其工作频率一般为 3～ 30 MHz,典型工作频率为 13.56 MHz。该频段的射频标签,从射频识别应用角度来说,因其工作原理与低频标签完全相同,即采用电感耦合方式工作，所以宜将其归为低频标签类中。另一方面，根据无线电频率的一般划分，其工作频段又称为高频，所以也常将其称为高频标签。鉴于该频段的射频标签可能是实际应用中最大量的一种射频标签，因而将高、低理解成为一个相对的概念，即不会在此造成理解上的混乱。为了便于叙述，将其称为中频射频标签。中频标签由于可方便地做成卡状，典型应用包括电子车票、电子身份证、电子闭锁防盗（电子遥控门锁控制器）等。相关的国际标准有 ISO14443、ISO15693、ISO18000 - 3.1、ISO18000 - 3.2（13.56 MHz）等。中频标准的基本特点与低频标准相似，由于其工作频率的提高，可以选用较高的数据传输速率。射频标签天线设计相对简单，标签一般制成标准卡片形状。

3. 超高频标签与标准

超高频与微波频段的射频标签简称为超高频射频标签，其典型工作频率为 433.92 MHz、862（902）～928 MHz、2.45 GHz、5.8 GHz。超高频射频标签可分为有源标签（主动方式、半被动方式）与无源标签（被动方式）两类。工作时，标签位于读卡器天线辐射场的远区场内，标签与读卡器之间的耦合方式为电磁耦合方式。读卡器天线辐射场为无源标签提供射频能量，将有源标签（半被动方式）唤醒。相应的射频识别系统阅读距离一般大于 1 m，典型情况为 4～6 m，最大可超过 10 m。读卡器天线一般为定向天线，只有在读卡器天线定向波束范围内的标签可被读/写。以目前技术水平来说，无源微波射频标签比较成功的产品相对集中在 902～928 MHz 工作频段上。2.45 GHz 和 5.8 GHz 射频识别系统多以半无源微波射频标签（半被动方式）产品面世。半无源标签一般采用纽扣电池供电，具有较远的阅读距离。超高频射频标签的典型特点主要集中在是否无源、无线读写距离，是否支持多标签读写，是否适合高速识别应用，读卡器的发射功率容限，射频标签及读卡器的价格等方面。典型的微波射频标签的识读距离为 3～5 m，个别有达 10 m 或 10 m 以上的产品。对于可无线写的射频标签而言，通常情况下，写入距离要小于识读距离，其原因在于写入要求更大的能量。

超高频射频标签的典型应用包括移动车辆识别、电子身份证、仓储物流应用、电子闭锁防盗（电子遥控门锁控制器）等。相关的国际标准有 ISO 10374，ISO 18000 - 4（2.45 GHz）、ISO 18000 - 5（5.8 GHz）、ISO 18000 - 6（860～930 MHz）、ISO 18000 - 7（433.92 MHz）、ANSIN-CITS 256—1999 等。

4. 常用中频射频标签标准对比

在 13.56 MHz 的中频射频标签中，最常用的标准有两种，即接触式的 ISO 14443 和非接触式近距的 ISO 15693。其特点对比见表 3 - 1。在我国第二代身份证和公交卡中，广泛使用的是 ISO 14443 标准的接触式 RFID。在图书馆中，广泛使用的是 ISO 15693 标准的近距式的非接触式的 RFID。为什么采用近旁式的 RFID 用于公交卡呢？因为如果采用近距式的，就可能由于天线对于靠近天线而不准备登车的卡产生误检测，并进行扣钱处理。而采取近旁式（接触式）就能一个一个进行公交卡检测和扣钱处理，不会把附近的卡误处理。

以 13.56 MHz 交变信号为载波频率的标准主要有 ISO 14443 和 ISO 15693 标准。由于 ISO 15693 标准规定的读写距离较远（当然这也与应用系统的天线形状和发射功率有关），而 ISO 14443 标准规定的读写距离稍近，更符合小区门禁系统对识别距离的要求，该射频系统应选择 ISO 14443 标准。对于 ISO 14443 标准，它定义了 TYPEA、TYPEB 两种类型协议。通信速率为 106 kb/s,它们的不同主要在于载波的调制深度及位的编码方式。从 PCD 向 PICC 传送信号时,TYPEA 采用改进的 Miller 编码方式,调制深度为 100% 的 ASK 信号;Type B 则采用 NRZ 编码方式,调制深度为 10% 的 ASK 信号。从 PICC 向 PCD 传送信号时,二者均通过调制载波传送信号,副载波频率皆为 847 kHz。TYPEA 采用开关键控(On-Off keying)的 Manchester 编码;TYPEB 采用 NRZ-L 的 BPSK 编码。TYPEB 与 TYPEA 相比,由于调制深度和编码方式的不同,具有传输能量不中断、速率更高、抗干扰能力更强的优点。

表 3-1　ISO 14443 和 ISO 15693 特点对比表

功　能	ISO 14443	ISO 15693
RFID 频率/MHz	13 56	13 56
读取距离	接触型、近旁型(0 厘米)	非接触型、近距型(2~20 厘米)
IC 类型	微控制器(MCU)或者内存布线逻辑型	内存布线逻辑型
读/写(R/W)	可写、可读	可写、可读
数据传输速率/kb/s	106,最高可到 848	106
防碰撞再读取	有	有
IC 内可写内存容量/KB	64	2

3.4　超高频 RFID 技术协议标准的发展与应用

　　超高频 RFID 技术协议标准在不断更新,已出现了第一代和第二代标准。第二代标准是从区域版本到全球版本的一次转移,增加了灵活性操作、鲁棒防冲突算法、向后兼容性,使用会话、密集条件阅读、覆盖编码等功能。RFID 技术应用还存在着一些问题,但前景广阔。本小节主要考虑超高频 RFID 技术协议标准的发展与应用。

1. 超高频 RFID 技术协议标准

(1) 第一代超高频 RFID 技术协议标准
　　目前已经推出的第一代超高频 RFID 技术协议标准(以下简称 Gen 1 协议标准)有 EPC Tag Data Standard 1.1、EPC Tag Data Standard 1.3.1、EPC Tag Data Transtation 1.0 等。美国的 MIT 实验室自动化识别系统中心(Auto-ID)建立了产品电子代码管理中心网络,并推出了第一代超高频 RFID 技术协议标准:0 类、1 类。ISO 18000-6 标准是 ISO 和 IEC 共同制定的 860~960 MHz 空中接口 RFID 技术通信协议标准,其中的 A 类和 B 类是第一代标准。

(2) 第二代超高频 RFID 技术协议标准
　　Auto-ID 在早期就认识到了这些专有 RFID 技术标准化的问题,于是在 2003 年就开始研究第二代超高频 RFID 技术协议标准(以下简称 Gen 2 协议标准)。到 2004 年末,Auto-ID 的全球电子产品码管理中心(EPC global)推出了更广泛适用的超高频 RFID 技术协议标准版本 ISO 18000-6C,但直到 2006 年才被批准为第一个全球第二代超高频 RFID 技术标准协议。Gen 2 协议标准解决了第一代部署中出现的问题。由于 Gen 2 协议标准适合全球使用,ISO

才接受了 ISO/ IEC 18000 - 6 空中接口协议的修改版本——C 版本。事实上,由于 Gen 2 协议标准有很强的协同性,因此从 Gen 1 协议标准到 Gen 2 协议标准的升级是从区域版本到全球版本的一次转移。

第二代超高频 RFID 技术协议标准的设计是改进了 ISO 18000 - 6 超高频空中接口协议标准和第一代 EPC 超高频协议标准,弥补了第一代超高频协议标准的一些缺点,增加了一些新的安全技术。

2. Gen 2 协议标准的一些改进与安全漏洞

Gen 2 协议标准具有更大的存储空间、更快的阅读速度、更好的减少噪声易感性。Gen 2 协议标准采用更安全的密码保护机制,它的 32 位密码保护也比 Gen 1 协议标准的 8 位密码安全。Gen 2 协议标准采用了读卡器永远锁住标签内存并启用密码保护阅读的技术。

EPC global 和 ISO 标准组织还考虑了使用者和应用层次上的隐私保护问题。如果要避免通信被窃听造成的隐私侵害或信息泄露,就需要关注安全漏洞在关键随机原始码的定义与管理。但是,Gen 2 协议标准还没有解决覆盖编码的随机数交换、标签可能被复制等一些关键问题。对于研究人员来说,最大的挑战是防止射频中信息偷窃和偷听行为。很多 RFID 技术协议标准在解决无线连接下通信的安全和可信赖问题时,却受到标签处理能力小、内存少、能量少等问题的困扰。虽然为确保标签在各种威胁条件下的阅读可靠性和安全性,Gen 2 协议标准中采用了很多安全技术,但也存在安全漏洞。

3. Gen 2 协议标准的一些技术改进

(1) 操作的灵活性

Gen 2 协议标准的频率为 860~960 MHz,覆盖了所有的国际频段,因而遵守 ISO 18000 - 6C 协议标准的标签在这个区间性能不会下降。Gen 2 协议标准提供了欧洲使用的 865~868 MHz 频段,美国使用的 902~928 MHz 频段。因此,ISO 18000~6C 协议标准是一个真正灵活的全球 Gen 2 协议标准。

(2) 鲁棒防冲突算法

Gen 1 协议标准要求 RFID 读卡器只识别序列号唯一的标签。如果两个标签的序列号相同,它们将拒绝阅读,但 Gen 2 协议标准可同时识别两个或更多相同序列号的标签。Gen 2 协议标准采用了时隙随机防冲突算法。当载有随机(或伪随机)数的标签进入槽计数器,根据读卡器的命令槽计数器会相应地减少或增加,直到槽计数器为 0 时标签回答读卡器。

Gen 2 协议标准的标签使用了不同的 Aloha 算法(也称为 Aloha 槽)实现反向散射。

Gen 1 协议标准和 ISO 协议标准也使用了这种算法,但 Gen 2 协议标准在查询命令中引入一个 Q 参数。读卡器能从 0~15 之间选出一个 Q 参数对防冲突结果进行微调。例如,读卡器在阅读多个标签的同时也发出 Q 参数(初始值为 0)的查询命令,那么 Q 值的不断增加将会处理多个标签的回答,但也会减少多次回答的机会。如果标签没有给读卡器响应,Q 值的减少同时也会增加标签的回答机会。这种独特的通信序列使得反冲突算法更具鲁棒性。因此,当读卡器与某些标签进行对话时,其他标签将不可能进行干扰。

(3) 读取率和向后兼容性的改进

Gen 2 协议标准的一个特点是读取率的多样性。它读取的最小值是 40 kb/s,高端应用的最大值是 640 kb/s。这个数据范围的一个好处是向后兼容性,即读卡器更新到 Gen 2 协议标准只需要一个固件的升级,而不是任意固件都要升级。Gen 1 协议标准中的 0 类与 1 类协议标准的数据读取速率分别被限制在 80 kb/s 和 140 kb/s。由于读取速率低,很多商业应用都使用基于微控制器的低成本读卡器,而不是基于数字信号处理器或高技术微处理控制器的读卡器。为享受 Gen 2 协议标准的真正好处,厂商就会为更高的数据读取率去优化自己的产品,这无疑需要硬件升级。

一个理想的适应性产品是使最终用户根据不同应用从读取率的最低值到最高值间挑选任意数值的读取率。无论是传送带上物品的快速阅读,还是在嘈杂昏暗环境下的低速密集阅读,Gen 2 协议标准的标签数据读取率都比 Gen 1 协议标准的标签快 3～8 倍。

(4) 会话的使用

在任意给定时间与不同给定预期下,Gen 1 协议标准不支持一组标签与给定标签群间的通信。例如,在 Gen 1 协议标准中为避免对一个标签的多次阅读,读卡器在阅读完成后给标签一个睡眠命令。如果别处的另一个读卡器靠近它,并在这个区域寻找特定项目时,就不得不调用和唤醒所有标签。这种情况下,将中断发出睡眠命令读卡器的计数,强迫读卡器重新开始计数。

Gen 2 协议标准在读取标签时使用了会话概念。会话假设至多 4 个读卡器与一个标签在相互不干扰的情况下进行各自的操作。两个或更多的读卡器能使用会话方式分别与一个共同的标签群进行通信。

(5) 密集阅读条件的使用

除使用会话进行数据处理外,Gen 2 协议标准的阅读工作还可以在密集条件下进行,即克服 Gen 1 协议标准中存在的阅读冲突状态。Gen 2 协议标准通过分割频谱为多个通道进一步克服这个限制,使得读卡器工作时不能相互干涉或违反安全问题。

(6) 使用查询命令改进 Ghost 阅读

阅读慢和阅读距离短限制了 RFID 技术的发展,Gen 2 协议标准对此做了改进,其主要处理方法是 Ghost 阅读。Ghost 阅读是 Gen 2 标准协议保证引入标签序列号合法性、没有来自环境的噪声、没有由硬件引起的小故障的机制。Ghost 阅读中利用一个信号处理器处理标签序列号的噪声。因为 Gen 2 协议标准是基于查询的,所以读卡器不能创造任何 Ghost 序列号,也就能很容易地探测和排除整合型攻击。

(7) 覆盖编码

覆盖编码(cover coding)是在不安全通信连接下为减少窃听威胁而隐匿数据的一项技术。在开放环境下,使用所有数据既不安全也不好实现。假如攻击者能窃听会话的一方(读卡器到标签)但不能窃听到另一方(标签到读卡器),Gen 2 协议标准使用覆盖编码去阅读/写入标签内存,从而实现数据安全传输。

RFID 技术的应用越来越广,目前应用最多的是 Gen 1 协议标准标签。Gen 1 协议标准标签的主要应用领域有物流、零售、制造业、服装业、身份识别、图书馆、交通等,但应用中的突出问题主要有价格问题、隐私问题、安全问题等。随着国际通用的 Gen 2 协议标准的出台,Gen 2 协议标准 RFID 技术的应用将越来越多。它已有了一些应用案例。例如,基于 Gen 2 协议标准的电子医疗系统,充分利用了 Gen 2 协议标准的灵活性、可量测性、更高的智能性。由于超高频 Gen 2 协议标准 RFID 技术具有一次性读取多个标签、识别距离远、传送数据速度快,安全性高、可靠性和寿命高、耐受户外恶劣环境等特点,得到了世界各国的重视和欧美大企业的青睐。在我国,随着经济高速发展和运用信息技术提高企业效益的形势推动,政府也提出大力发展物联网产业,加之 RFID 系统价格的逐年下降,这将极大地促进超高频 Gen 2 协议标准 RFID 技术的应用推广。

目前,超高频 Gen 2 协议标准下的 RFID 系统在整体市场的占有率还比较低,但预计未来 10 年内将进入高速成长期。

习　题

1. 请总结 RFID 产业发展现状和趋势。
2. 请说出 RFID 技术标准体系和主要标准的内容。

第4章 射频采样、编码和调制

4.1 采 样

射频采样结构基本上可以分为三种:射频低通采样数字化结构、射频带通采样数字化结构和宽带中频带通采样数字化结构。

4.1.1 射频低通采样数字化结构

这种结构的软件无线电,结构简洁,把模拟电路的数量减少到最低程度,如图 4-1 所示。从天线进来的信号经过滤波放大后就由 A-D(模拟-数字)转换器进行采样数字化,这种结构不仅对 A-D 转换器的性能(如转换速率、工作带宽、动态范围)等提出了非常高的要求,同时对后续 DSP 或 FPGA 的处理速度要求也特别的高,因为射频低通采样所需的采样速率至少是射频工作带宽的 2 倍。比如,工作在 1~1000 MHz 的软件无线电接收机,其采样速率就至少需要 2 GHz,这样高的采样率 A-D 转换器能否达到暂且不说,后续的数字信号处理器也是难以满足要求的。

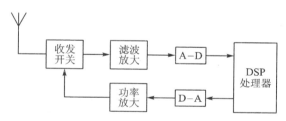

图 4-1 射频低通采样数字化结构软件无线电

4.1.2 射频带通采样数字化结构

射频带通采样数字化结构的软件无线电可以较好地解决上述射频低通采样软件无线电结构对 A-D 转换器、高速 DSP 等要求过高,以致无法实现的问题。其结构如图 4-2 所示。这种射频带通采样软件无线电结构与低通采样软件无线电结构的主要不同点是 A-D 转换器前

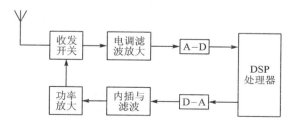

图 4-2 射频带通采样数字化结构

采用了带宽相对较窄的电调滤波器,然后根据所需的处理带宽进行带通采样。这样对 A - D 转换器采样速率的要求就不高了,对后续 DSP 的处理速度要求也可以随之大大降低。但是需要指出的是,这种射频带通采样软件无线电结构对 A - D 转换器工作带宽的要求(实际上主要是对 A - D 转换器中采样保持器的速度要求)仍然还是比较高的。

4.1.3 宽带中频带通采样数字化结构

宽带中频带通采样数字化结构的软件无线电结构与目前的中频数字化接收机的结构是类似的,都采用了多次混频体制或叫超外差体制,如图 4 - 3 所示。这种宽带中频带通采样软件无线电结构的主要特点是中频带宽更宽(如 20 MHz),所有调制解调等功能全部由软件加以实现。中频带宽是这种软件无线电与普通超外差中频数字化接收机的本质区别。显而易见,这种宽带中频带通采样数字化结构是上述三种结构中最容易实现的,对器件的性能要求最低,但它离理想软件无线电的要求最远,可扩展性、灵活性也是最差的。

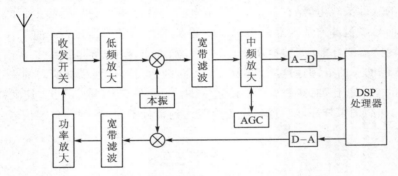

图 4 - 3 宽带中频带通采样数字化结构软件无线电

4.1.4 信号采样理论

1. 奈奎斯特采样定理

奈奎斯特(Nyquist)采样定理:一个频带限制在$(0, f_H)$内的时间连续信号 $m(t)$,如果以 $T_s \leqslant 1/(2f_H)$ 的间隔对它进行等间隔采样,则 $m(t)$ 可被多个得到的采样值完全确定。

Nyquist 采样要求采样频率 f_s 满足 $f_s \geqslant 2f_H$,f_H 为信号的最高频率分量。在实际应用中,一般 f_s 取 f_H 的 2.5 倍以上。尽管 Nyquist 采样有许多优点,但由于通信系统要求兼容多种协议的不同特征、不同带宽的信号,中频频率可能取得比较高,而且中频信号是带通信号,所要求的采样频率也很高,这样可能增加 A - D 转换的成本,后续处理的负荷很重,对功耗、结构、成本等方面影响较大。

2. 带通采样理论

假设一个信号的频带限制在内(f_H, f_L),如果其采样速率满足

$$f_s = \frac{2(f_L + f_H)}{(2n + 1)}$$

式中:n 为满足 $f_s \geqslant 2(f_H - f_L)$ 的最大整数,则用 f_s 进行等间隔采样所得的信号采样值可以

准确地确定原来信号；f_L 为信号的量低频率分量。

　　用带通信号的中心频率 f_0，也可以将带通采样频率表示为

$$f_s = \frac{4f_0}{(2n+1)}$$

　　根据带通信号采样定理，f_s 的取值可以在高于带通信号的带宽而低于 $2f_H$ 的范围内。这时，A-D 转换器采样后的数字信号除了保留原中频信号的频谱外，还包含了高中频的频谱和搬移到原中频以下（可能是基频）的频谱成分。在软件无线电中，DSP 在进行各项信号接收处理之前，首先要对 A-D 转换器输出的数字信号进行低通滤波，滤除有效信号带外的干扰成分，并通过抽取和内插技术，去除数字滤波后信号频谱中的高次谐波，保留有效信号的频谱成分，以便做进一步处理。需要指出的是，上述带通采样定理适用的前提条件是：只允许在其中的一个频带上存在信号，而不允许在不同的频带上同时存在信号；否则，将会引起信号混叠。另外一个值得注意的问题是：带通采样的结果是把位于 $(nB, (n+1)B)$ $(n=0,1,2,\cdots)$ 不同频带上的信号都用位于 $(0, B)$ 上相同的基带信号频谱来表示，但当 n 为奇数时，其频带对应关系是相对于中心频率"反折"的，即奇数通带上的高频分量对应基带上的低频分量，奇数通带上的低频分量对应基带上的高频分量；而偶数频带与采样后的数字基带信号频谱是高、低频率分量一一对应的。

4.2　信　道

　　通信系统模型必定会有信道。信道连接发送端和接收端的通信设备，其功能是将信号从发送端传送到接收端。按照传输媒质的不同，信道可以分为两大类：无线信道和有线信道。无线信道利用电磁波在空间的传播来传输信号；而有线信道则是利用人造的传导点或者是光信号来传输信号。传统的固定电话网用有线信道作为传输媒质；而无线电广播就是利用无线信道传输电台节目的。光也是一种电磁波，它可以在孔径传播，也可以在导光的媒质中传输。所以上述两大类信道的分类也适用于信号。导光的媒质有光波导和光纤。光纤是目前有线通信系统中广泛应用的传输介质。

4.2.1　无线信道

　　信道是对无线通信中发送端和接收端之间的通路的一种形象比喻。对于无线电波而言，它从发送端传送到接收端，其间并没有一个有形的连接，它的传播路径也有可能不只一条，但是为了形象地描述发送端与接收端之间的工作，想象两者之间有一个看不见的道路衔接，把这条衔接通路称为信道。信道具有一定的频率带宽。

　　无线信道中电波的传播不是单一路径，而是许多路径来的众多反射波的合成。由于电波通过各个路径的距离不同，因而各个路径来的反射波到达时间不同，也就是各信号的时延不同。当发送端发送一个极窄的脉冲信号时，移动台接收的信号由许多不同时延的脉冲组成，称为时延扩展。

　　由于各个路径来的反射波到达时间不同，相位也就不同。不同相位的多个信号在接收端叠加，有时叠加而加强（方向相同），有时叠加而减弱（方向相反）。这样，接收信号的幅度将急剧变化，即产生了快衰落。这种衰落是由多种路径引起的，所以称为多径衰落。

　　此外,接收信号除瞬时值出现快衰落之外,场强平均值也会出现缓慢变化。主要是由地区位置的改变以及气象条件变化造成的,以致电波的折射传播随时间变化而变化,多径传播到达固定接收点的信号的时延随之变化。这种由阴影效应和气象原因引起的信号变化,称为慢衰落。电磁波在大气中传播时会受大气的影响。大气及降水都会吸收和散射电磁波,使频率在 1 GHz 以上的电磁波的传播衰减显著增加。电磁波的频率越高,传播衰减越严重。在一些特定的频率范围,由于分子谐振现象而出现峰值。对于电磁波的传播及衰落在本书第 2 章有所提及,其更详细的知识请参考相关书籍,这里不予详述。

　　在无线信道中,信号的传输是利用电磁波在空间的传播来实现的。原则上,任何频率的电磁波都可以产生。但是,为了有效地发射或接收电磁波,要求天线的尺寸不小于电磁波波长的十分之一。因此频率过低,波长过长,则天线难于实现。例如,电磁波的频率等于 3 kHz,则其波长等于 100 km,这是要求天线尺寸大于 10 km。这样大的天线虽然可以实现,但是并不经济和方便。所以,通常用于通信的电磁波频率都比较高。

　　目前在民用无线通信中,应用最广的是蜂窝网和卫星通信。蜂窝网工作在 UHF 频段,而卫星通信则是工作在 UHF 和 SHF 频段。

4.2.2　有线信道

　　传输电信号的有线信道主要有三类:明线、电缆和光纤。

1. 明　线

　　明线是指平行架设在电线杆上的架空线路。它本身是导电裸线或带绝缘层的导线。虽然它的传输损耗低,但是易受天气和环境的影响,对外界噪声干扰较为敏感,并且很难沿一条路径架设大量的成百对线路,故明线已经逐渐被电缆所代替。电缆有两类:对称电缆和同轴电缆。

2. 电　缆

　　电缆有两类对称电缆和同轴电缆。

(1) 对称电缆

　　对称电缆是由若干对叫做芯线的双导线放在一根保护套内制造而成的。为了减小各对导线之间的干扰,每一对导线都做成扭绞形状的,成为双绞线。对称电缆的芯线比明线细,直径为 0.4～1.4 mm,故其损耗较明线大,但是性能较稳定。对称电缆在有线电话网中广泛应用于用户接入电路,每个用户电话都通过一对双绞线连接到电话交换机,通常采用的是 22～26 号线规的双绞线。双绞线在计算机局域网中也得到了广泛的应用,Ethernet 中使用的超五类线就是由四对双绞线组成的。

(2) 同轴电缆

　　同轴电缆则是由内外两根同心圆柱形构成,在这两根导线间用绝缘体隔离开。内导体多为实心导线,外导体是一根空心导电管或者是金属编织网,在外导体外有一层绝缘保护层。在内外导体间可以填充实心介质材料,或者是空气,但是间隔一段距离有绝缘支架用于连接和固定内外导体。由于外导体通常接地,所以它同时能够很好地起到屏蔽作用。目前,由于光纤的应用,远距离传输信号的干线线路多采用光纤替代同轴电缆,主要在有线电视广播网中较广泛地应用同轴电缆将信号送入用户。另外,在很多程控电话交换机中 PCM 群路信号仍然采用同轴电缆传输信号;同轴电缆也作为通信设备内部中频和射频部分经常使用的传输介质,如连接无线通信收发设备和天线之间的馈线。

3. 光　纤

传输光信号的有线信道是光导纤维,简称光纤。光纤是由华裔科学家高锟(Charles Kuen)发明的,他被认为是"光纤之父"。在 1970 年美国康宁(Corning)公司制造出了世界上第一根实用化的光纤,随着加工制造工艺的不断提高,光纤的衰减不断下降,世界各国干线传输网络主要是由光纤构成的。

光纤中光信号的传输基于全反射原理,光纤可以分为多模光纤(Multi - Mode Fiber,MMF)和单模光纤(Single Mode Fiber,SMF)。多模光纤中光信号具有多种传播模式;而单模光纤中只有一种传播模式。光纤的信号光源可以有发光二极管(Light - Emitted Dioxide,LED)和激光。实际应用中使用的光波长主要在 1.31 和 1.55 两个低损耗的波长窗口内,如 Ethernet 网中的 1000Base - LX 物理接口采用 1.31 波长的光信号。计算机局域网中也出现了 850 nm 波长的信号光源,如 Ethernet 网中的 1000Base - SX 物理接口就采用这样的光源。LED 光源光谱纯度低,不同波长的光信号在光纤中传播速度不同,因此随着距离的增加,光信号传播会发生色散,造成信号的失真,限制了光纤传输的距离。因此,对于长距离的传输,每隔一段距离都需要对信号进行中继。单模光纤的色散要比多模光纤小得多(在多模光纤中还存在模式色散),因而无中继传输距离更长,采用光谱纯度高的激光源传输时引起的色散则更小。

有线信道以导线为传输媒质,信号沿导线进行传输,信号的能量集中在导线附近,因此传输效率高,但是部署不够灵活。这一类信道使用的传输媒质包括用电线传输电信号的架空明线、电话线、双绞线、对称电缆和同轴电缆等,还有传输经过调制的光脉冲信号的光导纤维。

4.3　编码、调制与多路复用

图 4 - 4 所示为从信号传递角度考虑的 RFID 系统前向链路简明框图,而后向链路也与此类似,只是发送方和接收方进行了互换。

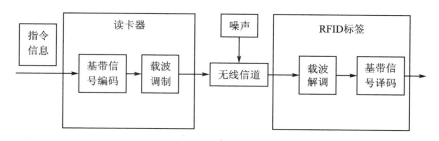

图 4 - 4　从信号传递角度考虑的 RFID 系统前向链路简明框图

从通信过程来看,读卡器的命令(二进制数据)首先要经过信号编码,转换成一定码型的基带信号(高、低电平),然后经调制器调制成射频载波信号通过无线信道传递给 RFID 标签,RFID 标签中的解调器对调制信号进行解调,以再生基带信号。再生的基带信号经过译码,恢复出原来的读卡器命令内容以便进行后续处理。由于读卡器与标签之间的信息传递是双向的,所以相应的信号编码单元、调制器、解调器以及信号译码单元在读卡器和标签中都存在。

4.3.1　基带传输的常用码型

对传输用的基带信号主要有以下两个方面的要求:一是对代码的要求,即原始信号代码必须编成适合于传输用的码型;二是对所选码型的电波形的要求,即电波波形应适合在基带系统的传输。

传输码型的结构取决于实际信道特性和系统工作的条件。在选择传输码型时,一般应考虑以下原则:不含直流,且低频分量尽量少;应含有丰富的定时信息,以便于从接收码流中提取定时信号;功率谱主瓣宽度窄,以节省传输频带;不受信息源特性的影响,即能适应信息源的变化;具有内在的检错能力,即码型应具有一定规律性,以便利用这一规律进行宏观监测;编译码简单,以降低通信时延和成本。

基带传输的常用码型有以下几种。

1. AMI 码

AMI 码的全称是信号交替反转码。其编码规则是将消息码的"1"(传号)交替地变换为"−1"和"+1";而"0"(空号)保持不变。例如:

消息码　 0 　1 　　　10000000 　1 　　100 　　1 　　1

AMI 码 　0 　−1 　　　+10000000 −1 　+100 　　−1 　+1

AMI 码的优点是没有直流成分,且高低频分量少,能量集中在频率为二分之一码速处,编解码电路简单,且可利用传号极性交替这一规律观察误码情况;缺点是当原信码出现长连"0"串时,信号的电平长时间不跳变,造成提取时钟信号困难。

2. 双相码

双相码又称为曼彻斯特码。它使用一个周期的正负对称方波表示"0",而用其反相波形表示"1"。编码规则之一是:"0"用"01"两位码来表示;"1"用"10"两位码来表示。例如:

消息码: 1 　 1 　 0 　 0 　 1 　 0 　 1

双相码: 10 　10 　01 　01 　10 　01 　10

双相码是一种双极性波形,只有极性相反的两个电平。它在每个码元间隔中心点都存在电平跳变,所以含有丰富的定时信息,且没有直流分量,编码过程也简单。缺点是占用带宽加倍,使频带利用率降低。

3. 差分双相码

差分双相码又称差动双相编码。为了解决双相码因极性反转引起的译码错误,可以采用差分码的概念。双相码是利用每个码元持续时间中间的电平跳变进行同步和信号表示。而在差分双相码编码中,每个码元中间的电平跳变用于同步,而每个码元的开始处是否存在额外的跳变来确定信码。有跳变的表示"1";无跳变表示"0"。该码在局域网中常被采用。

4. 密勒码

密勒码又称延迟调制码。编码规则相对复杂:"1"要求码元起点电平与前一个码元末相电平保持一致，并且在码元的比特位周期中点处发生极性跳变。"0"则分两种情况：单个"0"的电平取前个码元的末相，并且在整个码元比特位周期保持不变；连续多个"0"时要在相邻两个"0"处发生跳变。

在 RFID 系统中常常用曼彻斯特码和密勒码。除了用于前向链路，曼彻斯特码在采用负载波的负载调制或者反向散射调制时，也可用于从标签到读卡器的数据传输，因为这有利于发现数据传输的错误。这是因为在位长度内，"没有跳变"的状态是不允许的。当多个标签同时发送的数据位具有不同数值时，接收的上升沿和下降沿相互抵消，导致在整个位长度内的信号都是不间断载波信号。由于该状态是不允许的，所以读卡器利用该错误就可以判断碰撞发生的具体位置。

4.3.2　数字调制技术

为了使数字信号在带通信道中传输，必须用数字信号对载波进行调制。传输数字信号时有三种基本的调制方式：幅度键控（ASK）、频移键控（FSK）和相移键控（PSK），它们分别对应于用正弦波的幅度、频率和相位来传递数字基带信号。

以下将主要介绍在 ISO 18000 系列标准中用到的几种数字调制方式。

1. 2ASK 调制

对于 2ASK（二进制幅度键控）信号，它的时域表达式为

$$s(t) = m(t)\cos(2\pi f_c t)$$

其中

$$m(t) = \sum_n a_n g(t - nT_s)$$

$g(t)$ 是时序时间为 T_s 的矩形脉冲；a_n 的取值服从下述关系

$$\begin{cases} 0, 概率为 p \\ 1, 概率为 1-p \end{cases}$$

当 $p = 1/2$ 时，功率谱密度为

$$p_E(f) = \frac{T_s}{16} \left[\left| \frac{\sin\pi(f+f_c)T_s}{\pi(f+f_c)T_s} \right|^2 + \left| \frac{\sin\pi(f+f_c)T_s}{\pi(f+f_c)T_s} \right|^2 \right] + \frac{1}{16} \left| \delta(f+f_c) + \delta(f-f_c) \right|$$

而 $s(t)$ 又可写为

$$s(t) = \mathrm{Re}[m(t)e^{j2\pi f_c t}]$$

可得到信号包络

$$a(t) = m(t)$$

瞬时幅度为

$$a(t) = |a(t)| = \begin{cases} 0, 如果 m(t) = 0 \\ 1, 如果 m(t) = 1 \end{cases}$$

瞬时相位为

$$\varphi(t) = 2\pi f_c t$$

2ASK 调制信号的调制波形、瞬时幅度、瞬时相位、瞬时频率和功率谱密度仿真图如图 4 - 5 所示。

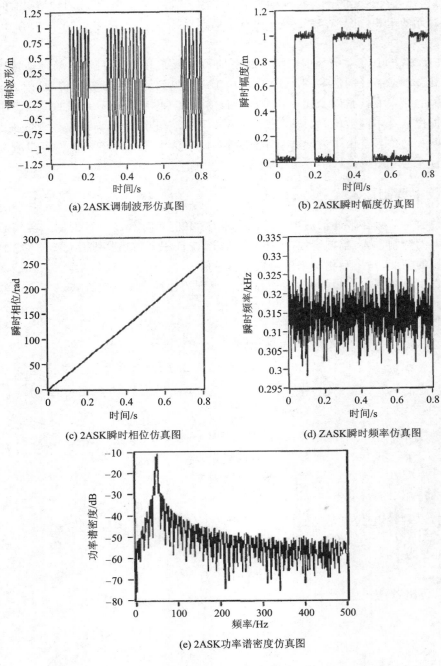

(a) 2ASK调制波形仿真图

(b) 2ASK瞬时幅度仿真图

(c) 2ASK瞬时相位仿真图

(d) ZASK瞬时频率仿真图

(e) 2ASK功率谱密度仿真图

图 4 - 5　2ASK 仿真图

2. 4ASK 调制

在 4ASK(四进制幅度键控)调制中,载波幅度有四种取值,其时域表达式为

$$s(t) = \left[\sum_n a_n g(t - nT_s) \right] \cos(2\pi f_c t)$$

式中：

$$a_n = 0, 1, 2, 3$$

4ASK 信号的功率谱密度与 2ASK 的完全相同，其瞬时幅度与瞬时相位的推导与 2ASK 相同，仿真图如图 4 - 6 所示。

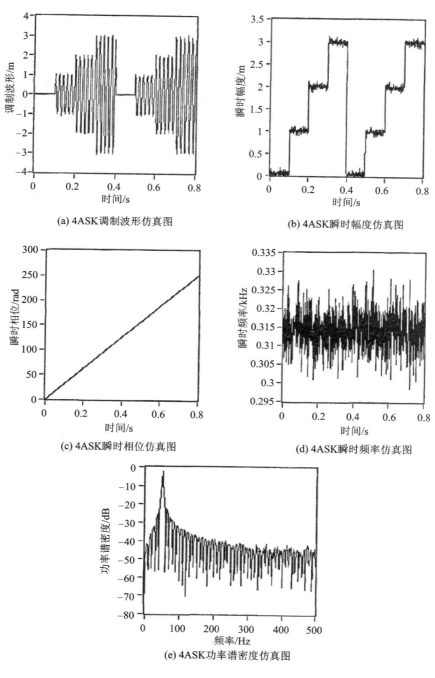

(a) 4ASK调制波形仿真图　　　　　　　　　(b) 4ASK瞬时幅度仿真图

(c) 4ASK瞬时相位仿真图　　　　　　　　　(d) 4ASK瞬时频率仿真图

(e) 4ASK功率谱密度仿真图

图 4 - 6　4ASK 仿真图

3. 2FSK 调制

2FSK(二进制频移键控)已调信号的时域表达式为

$$s(t) = \Big[\sum_n a_n g(t-nT_s)\Big]\cos(2\pi f_1 t) + \Big[\sum_n \bar{a}_n g(t-nT_s)\Big]\cos(2\pi f_2 t)$$

式中：$\bar{a}_n$ 是 a_n 的反码，且有

$$a_n = \begin{cases} 0,概率为 p \\ 1,概率为 1-p \end{cases}, \bar{a}_n = \begin{cases} 1,概率为 p \\ 0,概率为 1-p \end{cases}$$

FSK 信号可以被看成是中心频率为分别位于二和六的两个 2ASK 信号。当 $p=1/2$ 时的功率谱密度为

$$p_E(f) = \frac{T_s}{16}\Big[\Big|\frac{\sin\pi(f+f_1)T_s}{\pi(f+f_1)T_s}\Big|^2 + \Big|\frac{\sin\pi(f-f_1)T_s}{\pi(f-f_1)T_s}\Big|^2 + \Big|\frac{\sin\pi(f+f_2)T_s}{\pi(f+f_2)T_s}\Big|^2 +$$

$$\Big|\frac{\sin\pi(f-f_2)T_s}{\pi(f-f_2)T_s}\Big|^2\Big] + \frac{1}{16}\big|\delta(f+f_1) + \delta(f-f_1) + \delta(f+f_2) + \delta(f-f_2)\big|$$

若令 $f_1 = f_c + \dfrac{1}{4T_s}, f_2 = f_c - \dfrac{1}{4T_s}$，则 $s(t)$ 可表示为

$$s(t) = \cos\Big(2\pi f_c t + \frac{\pi a_k}{2T_s}t\Big) \qquad (k-1)T_s \leqslant t \leqslant kT_s$$

式中：f_c 为载波频率；a_k 为码元信息。

$$s(t) = \text{Re}\{e^{\frac{\pi a_k}{2T_s}} e^{j2\pi f_c t}\}$$

可得 2FSK 信号的复包络为

$$a(t) = e^{\frac{\pi a_k}{2T_s}t} \qquad (k-1)T_s \leqslant t \leqslant kT_s$$

瞬时幅度为

$$a(t) = 1$$

瞬时相位为

$$\varphi(t) = \frac{\pi a_k}{2T_s}t \qquad (k-1)T_s \leqslant t \leqslant kT_s$$

当码元信息保持不变时，若 $a_k=1$，相邻两个码元中间时刻的相位差为

$$\Delta\varphi = \frac{\pi}{2T_s} \times T_s = \frac{\pi}{2}$$

若 $a_k=-1$，相邻两个码元中间时刻的相位差为

$$\Delta\varphi = \frac{\pi \times (-1)}{2T_s} \times T_s = -\frac{\pi}{2}$$

当码元信息改变时，相邻码元相位跳变为

$$\Delta\varphi = \begin{cases} \dfrac{\pi}{2T_s} \times [1-(-1)] \times T_s = \pi, a_k=1, a_{k-1}=-1 \\ \dfrac{\pi}{2T_s} \times [-1-1] \times T_s = -\pi, a_k=-1, a_{k-1}=1 \end{cases}$$

因此瞬时相位是时变函数，而比特流就是瞬时频率。2FSK 仿真图如图 4-7 所示。

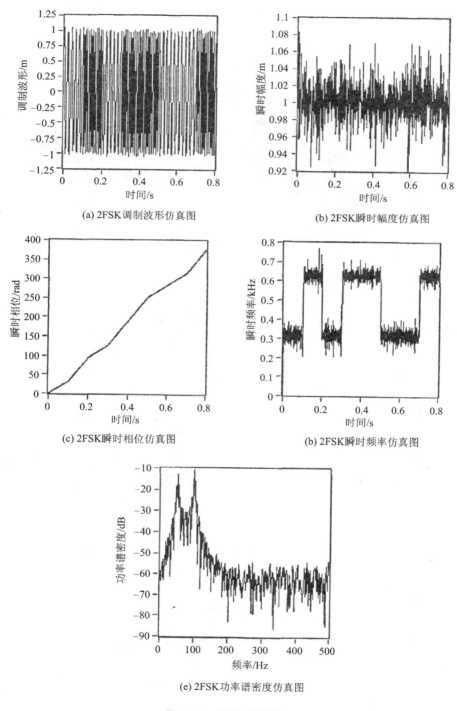

(a) 2FSK调制波形仿真图

(b) 2FSK瞬时幅度仿真图

(c) 2FSK瞬时相位仿真图

(b) 2FSK瞬时频率仿真图

(e) 2FSK功率谱密度仿真图

图 4 - 7　2FSK 仿真图

4. 4FSK 调制

4FSK 仿真图如图 4 - 8 所示。

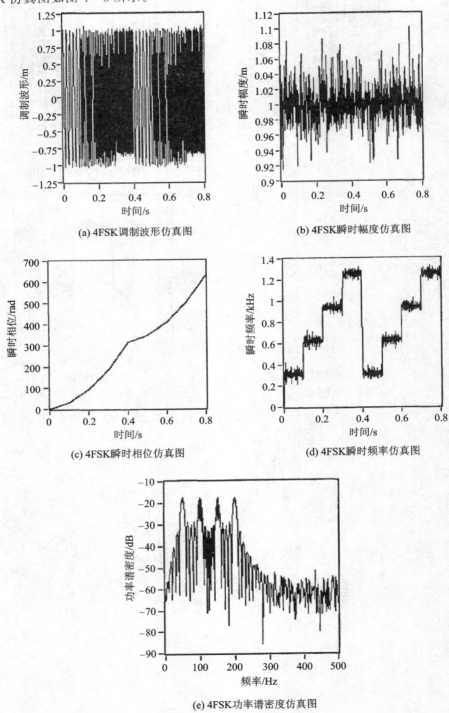

(a) 4FSK调制波形仿真图　　　　　　　　(b) 4FSK瞬时幅度仿真图

(c) 4FSK瞬时相位仿真图　　　　　　　　(d) 4FSK瞬时频率仿真图

(e) 4FSK功率谱密度仿真图

图 4 - 8　4FSK 仿真图

4FSK 的时域表达式为

$$s(t) = \cos\left[2\pi(f + \frac{a_k}{4T_s})t\right] \qquad (k-1)T_s \leqslant t \leqslant kT_s$$

分析过程与 2FSK 相同,可得复包络为

$$a(t) = e^{\frac{\pi a_k}{2T_s}t} \qquad (k-1)T_s \leqslant t \leqslant kT_s$$

瞬时幅度为

$$a(t) = 1$$

瞬时相位为

$$\varphi(t) = \frac{\pi a_k}{2T_s}t \qquad (k-1)T_s \leqslant t \leqslant kT_s$$

5. BPSK 调制

BPSK(二进制相移键控)信号的表达式为

$$s(t) = \left[\sum_n a_n g(t-nT_s)\right]\cos(2\pi f_c t)$$

式中:

$$a_n = \begin{cases} -1,概率为\ p \\ 1,概率为\ 1-p \end{cases}$$

当 $p = 1/2$ 时,功率谱密度为

$$p_E(f) = \frac{T_s}{4}\left[\left|\frac{\sin\pi(f+f_c)T_s}{\pi(f+f_c)T_s}\right|^2 + \left|\frac{\sin\pi(f-f_c)T_s}{\pi(f-f_c)T_s}\right|^2\right]$$

在某一码元 T_s 持续时间内观察时,

$$s(t) = \begin{cases} \cos2\pi f_c t, a_n = 1 \\ -\cos2\pi f_c t, a_n = -1 \end{cases} = \begin{cases} \mathrm{Re}(e^{j2\pi f_c t}), a_n = 1 \\ \mathrm{Re}(e^{j2\pi f_c t}), a_n = -1 \end{cases}$$

瞬时幅度为

$$a(t) = 1$$

瞬时相位为

$$\varphi(t) = \begin{cases} 0, a_n = 1 \\ \pi, a_n = -1 \end{cases}$$

BPSK 仿真图如图 4-9 所示。

6. 正交调制

虽然已经有很多不同种类的通信信号,但从理论上来说,各种通信信号都可以用正交调制的方法来实现。任何一个信号的时域表达式都可以表示为

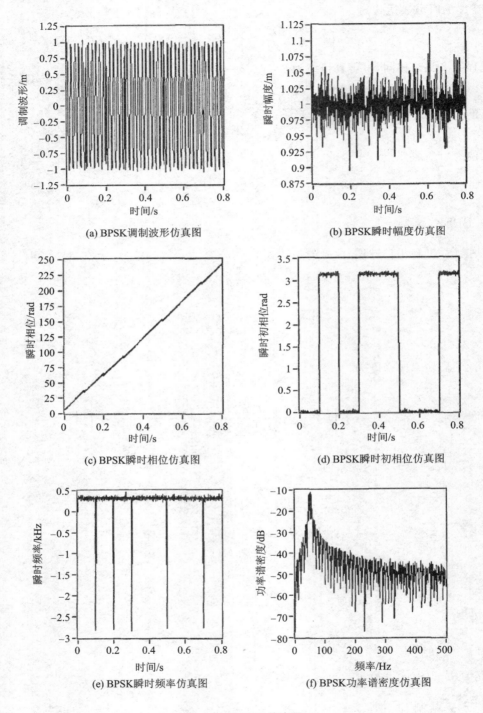

(a) BPSK调制波形仿真图

(b) BPSK瞬时幅度仿真图

(c) BPSK瞬时相位仿真图

(d) BPSK瞬时初相位仿真图

(e) BPSK瞬时频率仿真图

(f) BPSK功率谱密度仿真图

图 4 - 9　BPSK 仿真图

$$s(t) = a(t)\cos[2\pi f_c t + \varphi(t)]$$

式中：$a(t)$ 为幅度调制信息；$\varphi(t)$ 为相位调制信息；f_c 为载波频率。

时域表达式经数字化后可得

$$s(nT_s) = a(nT_s)\cos[2\pi f_c nT_s + \varphi(nT_s)]$$

一般简写成

$$s(n) = a(n)\cos[\omega_c n + \varphi(n)]$$

式中：$\omega_c = 2\pi f_c T_s$ 为角频率。

对时域表达式的简写形式进行正交分解可得

$$s(n) = I(n)\cos(\omega_c t) + Q(n)\sin(\omega_c t)$$

式中：

$$I(n) = a(n)\cos[\varphi(n)]$$
$$Q(n) = -a(n)\sin[\varphi(n)]$$

调制的方法是根据调制方式先求出同相分量和正交分量 $I(n)$、$Q(n)$，然后再与两个正交本振 $\cos(\omega_c n)$，$\sin(\omega_c n)$ 相乘并求和，即可得到调制信号 $s(n)$。调制模型如图 4-10 所示。

在图 4-10 调制模型中，两个正交基带信号 $I(n)$、$Q(n)$ 的采样频率与输出信号的采样频率是一样的，而输出信号的采样频率要求大于最高频率的 2 倍以上。但两个正交基带信号 $I(n)$、$Q(n)$ 的带宽仅为信号带宽，与载频相比要小得多，只需要输出大于 2 倍信号带宽的数据流就行了；否则，用 DSP 来产生基带信号将会对处理速度提出过高的要求。然而，为了使产生的基带信号与后面的采样频率相匹配，在进行正交调制（与两个正交本振混频）之前必须通过内插把低数据速率的基带信号提升到采样频率上，实现过程如图 3-7 所示。这样，内插就是为了使产生的基带信号与后面的采样频率相匹配，从而使得数据速率的基带信号提升到采样频率上。

图 4-11 所示的调制模型实际上就是软件无线电发射机的基本数学模型，即基频发射机。从该图可以看出，调制信号的信息都包含在 $I(n)$、$Q(n)$ 内，这也是对一个实信号进行正交分解的意义所在。

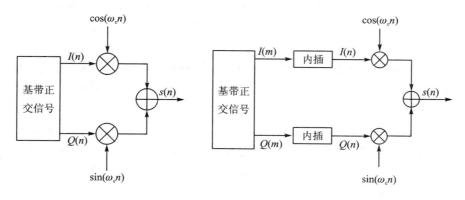

图 4-10　通用信号调制模型　　　　图 4-11　正交调制模型

4.3.3　多路复用技术

数据通信系统或计算机网络系统中，传输媒体的带宽或容量往往会超过传输单一信号的需求。为了有效地利用通信线路,希望一个信道同时传输多路信号,这就是所谓的多路复用(Multiplexing)技术。采用多路复用技术能把多个信号组合在一条物理信道上进行传输,在远距离传输时可大大节省电缆的安装和维护费用。多路复用技术频分复用(frequency division multiplexing,FDM)、时分复用(time division multiplexing,TDM)、波分多路复用(wavelength division multiplexing,WDM)、码分多址(code division multiple access,CDMA)和空分多址(space division multiple access,SDMA)。频分多路复用和时分多路复用是两种最常用的多路复用技术。

1. 频 分 多 路 复 用

频分复用按频谱划分信道,多路基带信号被调制在不同的频谱上。因此它们在频谱上不会重叠,即在频率上正交,但在时间上是重叠的,可以同时在一个信道内传输。在频分复用系统中,发送端的各路信号 $m_1(t)$,$m_2(t)$,$\cdots$,$m_n(t)$ 经各自的低通滤波器分别对各路载波 $f_1(t)$,$f_2(t)$,$\cdots$,$f_n(t)$ 进行调制,再由各路带通滤波器滤出相应的边带(载波电话通常采用单边带调制),相加后便形成频分多路信号。在接收端,各路的带通滤波器将各路信号分开,并分别与各路的载波 $f_1(t)$,$f_2(t)$,$\cdots$,$f_n(t)$ 相乘,实现相干解调,便可恢复各路信号,实现频分多路通信。为了构造大容量的频分复用设备,现代大容量载波系列的频谱是按模块结构由各种基础群组合而成。根据国际电报电话咨询委员会(CCITT)建议,基础群分为前群、基群、超群和主群。

(1) 前　群

前群又称 3 路群,由 3 个话路经变频后组成。各话路变频的载频分别为 12 kHz,16 kHz,20 kHz。取上边带,得到频谱为 12~24 kHz 的前群信号。

(2) 基　群

基群又称 12 路群,由 4 个前群经变频后组成。各前群变频的载频分别为 84 kHz,96 kHz,108 kHz,120 kHz。取下边带,得到频谱为 60~108 kHz 的基群信号。基群也可由12 个话路经一次变频后组成。

(3) 超　群

超群又称 60 路群,由 5 个基群经变频后组成。各基群变频的载频分别为 420 kHz,468 kHz,516 kHz,564 kHz,612 kHz。取下边带,得到频谱为 312~552 kHz 的超群信号。

(4) 主　群

主群又称 300 路群。由 5 个超群经变频后组成。各超群变频的载频分别为 1 364 kHz,1 612 kHz,1 860 kHz,2 108 kHz,2 356 kHz。取下边带,得到频谱为 812~2 044 kHz 的主群信号。

3 个主群可组成 900 路的超主群。4 个超主群可组成 3 600 路的巨群。频分复用的优点是信道复用率高,允许复用路数多,分路也很方便。因此,频分复用已成为现代模拟通信中最主要的一种复用方式,在模拟式遥测、有线通信、微波接力通信和卫星通信中得到广泛应用。

2. 时 分 多 路 复 用

若媒体能达到的位传输速率超过传输数据所需的数据传输速率,则可采用时分多路复用技术,也即将一条物理信道按时间分成若干时间片轮流地分配给多个信号使用。每一时间片由复用的一个信号占用,而不像频分复用那样,同一时间同时发送多路信号。这样,利用每个信号在时间上的交叉,就可以在一条物理信道上传输多个数字信号。这种交叉可以是位一级的,也可以是由字节组成的块或更大的信息组进行交叉。如一个多路复用器有 8 个输入,每个输入的数据速率假设为 9.61 b/s,那么一条容量达 76.88 kb/s 的线路就可容纳 8 个信号源。时分多路复用方案,也称同步(Synchronous)时分多路复用,它的时间片是预先分配好的,而且是固定不变的,因此各种信号源的传输定时是同步的。与此相反,异步时分多路复用允许动态地分配传输媒体的时间片。

时分多路复用不仅仅局限于传输数字信号,也可以同时交叉传输模拟信号。另外,对于模拟信号,有时可以把时分多路复用和频分多路复用技术结合起来使用。一个传输系统,可以频分成许多条子通道,每条子通道再利用时分多路复用技术来细分。在宽带局域网络中可以使用这种混合技术。

3. 波分多路复用

光的波分多路复用是指在一根光纤中传输多种不同波长的光信号,由于波长不同,所以各路光信号互不干扰,最后再用波长解复用器将各路波长分解出来。所选器件应具有灵敏度高、稳定性好、抗电磁干扰、功耗小、体积小、重量轻、器件可替换性强等优点。光源输出的光信号带宽为 40nm,在此宽带基础上可实现多个通道传感器的大规模复用。

4. 码分多址

码分多址(CDMA)通信系统中,不同用户传输信息所用的信号不是靠频率不同或时隙不同来区分,而是用各自不同的编码序列来区分,或者说,靠信号的不同波形来区分。如果从频域或时域来观察,多个 CDMA 信号是互相重叠的。接收机用相关器可以在多个 CDMA 信号中选出其中使用预定码型的信号。其他使用不同码型的信号因为和接收机本地产生的码型不同而不能被解调。它们的存在类似于在信道中引入了噪声和干扰,通常称之为多址干扰。

在 CDMA 蜂窝通信系统中,用户之间的信息传输是由基站进行转发和控制的。为了实现双工通信,正向传输和反向传输各使用一个频率,即通常所说的频分双工。无论正向传输或反向传输,除去传输业务信息外,还必须传送相应的控制信息。为了传送不同的信息,需要设置相应的信道。但是,CDMA 通信系统既不分频道又不分时隙,无论传送何种信息的信道都靠采用不同的码型来区分。类似的信道属于逻辑信道,这些逻辑信道无论从频域或者时域来看都是相互重叠的,或者说它们均占用相同的频段和时间。

它能够满足市场对移动通信容量和品质的高要求,具有频谱利用率高、话音质量好、保密性强、掉话率低、电磁辐射小、容量大、覆盖广等特点,可以大量减少投资和降低运营成本。

5. 空分多址

空分多址(SDMA),也称为多光束频率复用。它通过标记不同方位的相同频率的天线光束来进行频率的复用。

SDMA 系统可使系统容量成倍增加,使得系统在有限的频谱内可以支持更多的用户,从而成倍地提高频谱使用效率。

4.4　超高频 RFID 的工作原理

读卡器通过天线,发射信号到标签,可以采用 ASK 调制、脉冲间隔编码(pulse interval encoding),通信速率为 26.7～128 kb/s。图 4-12 所示为超高频 RFID 系统中读卡器与标签的关系图。图 4-13 所示为编码调制过程。

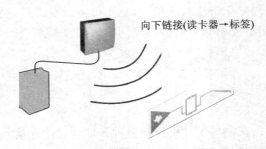

图 4-12　读卡器和标签关系图

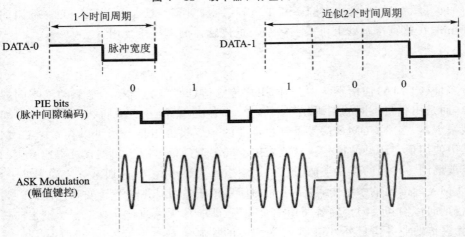

图 4-13　信号编码调制过程

UHF RFID 读卡器与标签之间的通信采用电磁反向散射耦合方式完成。电磁反向散射耦合方式很像雷达工作的原理,如图 4-14 所示。

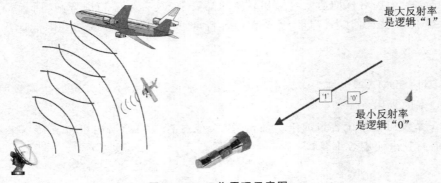

图 4-14　工作原理示意图

读卡器就像手电筒,标签就像一个镜子,标签反射最大,就是逻辑"1";标签反射最小,就是逻辑"0"。

在高频范围的标签收到读卡器发出的高频载波信号,其信息编码调制过程如图 4-15 所示。标签天线接收到特定的电磁波,线圈就会产生感应电流,在经过整流电路时,激活电路上的微型开关,给标签供电。UHF 标签电路采用 ASK 和 PSK 的调制方式,将编码信息发送给读卡器,实现了读卡器和标签之间的双向通信。

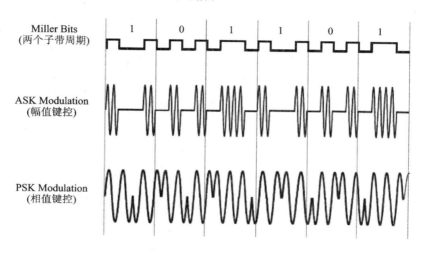

图 4-15　信号编码调制过程

UHF EPC Gen2 RFID 标签具有数据存储量大、数据传输速率高、工作频率宽、多标签识读特征等参数特征之外,还具有 4 个内部存储器分区,分别是:保留存储器、EPC 存储器、TID 存储器和用户定义存储器。

EPC 存储器包括了 CRC 校验码、协议规范控制、EPC 全球编码等重要信息;TID 存储器包括了 ISO 15693 分类信息、标签方式定义、制造厂家信息、如串行号码等;保留存储器包括了密码、销毁标签密码等信息。

图 4-16 所示为 UHF RFID 标签结构原理。图 4-17 所示为 UHF RFID 应用系统结构原理图。

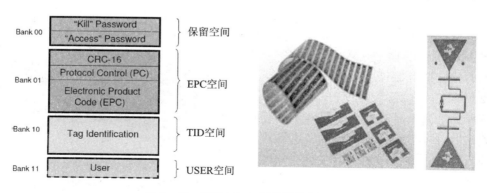

图 4-16　UHF RFID 标签结构原理

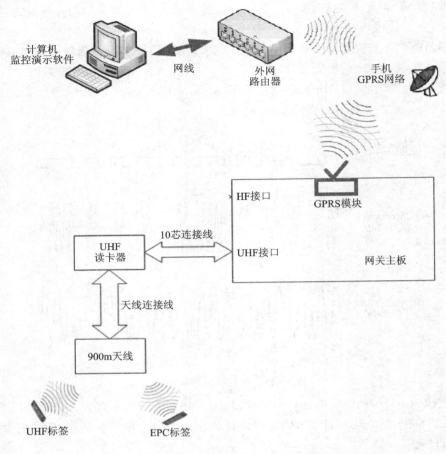

图 4-17　UHF RFID 应用系统结构原理图

4.5　有源 RFID 标签

　　随着技术发展,目前有源 RFID 标签逐步采用无线单片机来进行设计,具有持久性,信息传播穿透性强,存储信息容量大、种类多等特点。

　　有源 RFID 标签最重要的特点是其工作的能量由电池提供,而不是像无源 RFID 标签由系统的感应读卡器供应能量。图 4-18 所示为有源标签读卡器。

　　有源标签读卡器的主要任务是完成有源标签的读取、存储和通信,并将信息传输到上位机和服务器。

　　有源标签读卡器主要由微控制器、相关软件(包括实时操作系统)、高频电路、天线和通信接口等部分组成。从形式上又可以分成固定和移动两种,如图 4-19 所示。由众多标签和

图 4-18　有源 RFID 标签读卡器

读卡器可组成网络系统，如图 4 - 20 所示。

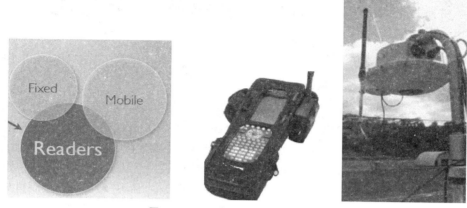

图 4 - 19 固定和移动标签读卡器

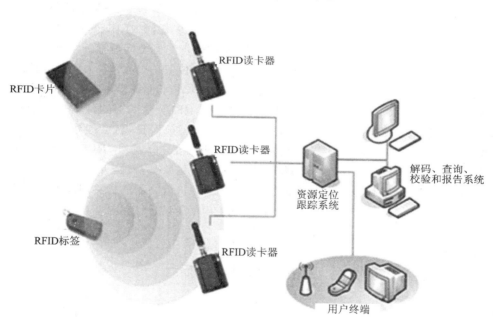

图 4 - 20 标签、读卡器与网络系统

习 题

1. 简述射频信号采样原理和方法。
2. 调制有哪些方式？简述其调制原理。
3. 简述常用的编码方式。
4. 超高频有源 RFID 标签的工作原理是什么？
5. 常用的多路复用技术有哪些？原理是什么？

第 5 章　RFID 系统中的安全与隐私

5.1　概　述

为实现信息安全,很多组织已经进行了大量投资,建立了诸如防火墙、入侵检测、VPN、PKI/CA 等设施。这些措施在一定程度上可以解决组织内部存在的安全问题。但由于 RFID 系统的数据源和访问界面扩大了安全周边的范围,设计思想为系统对应用是完全开放的、在标签上执行加、解密运算需要耗费较多的处理器资源及开销等原因,引入了原有控制措施无法有效解决的新风险。

按照人们的设想,RFID 标签 ID 不仅要包含传统条形码所包含的内容,而且它将是标签唯一的序列码,通过它将唯一地识别对象。但标签可以响应任何 RFID 读卡器的询问信号,所有拥有读卡器的人员或机构都可访问缺乏访问控制的标签。安全问题显而易见。

一个 RFID 读卡器能够识别带有 RFID 标签的对象位置,从位于多个地点的读卡器中收集相关的数据便可以追踪对象的移动路线,即使对标签采取了保护措施,仍然可以通过检测标签的异常响应信号而跟踪对象的移动。更为严重的是,RFID 读卡器的传输信号能在几千米之外通过射频扫描器和天线获得的,如果此传输信号没有被保护,将会导致数据的未授权访问,标签 ID 被假冒、复制或重放,从而危害 RFID 系统的安全。另外,RFID 系统中存在标签欺骗问题,如一个超市内的 RFID 系统,偷盗者可通过标签欺骗,使自动检验设备误认为被拿走的物品还在原处,或者利用其他物品的标签 ID 替代高价值物品的标签 ID,从而达到自己的目的。针对上述安全问题,已经出现多种解决方法,但大多只是针对某一安全问题而提出的,还没有一种方法能够完全满足所有的安全需求。

5.2　目前主要面临的安全与隐私威胁

目前,对 RFID 系统的攻击主要是对标签信息的截获和破解,主要有两种方式:一种是非法分子想办法获取标签信息,对信息进行伪造,然后在没有被授权的情况下使用,将信息传播出去;另一种是由于 RFID 系统的加密机制不安全,非法分子在不接触系统的情况下,将系统标签信息盗取过来加以利用。

随着科技的发展,非法分子有很多的手段可以获得芯片的结构和其中的数据,所以 RFID 系统的安全问题主要是对标签信息进行加密。

1. 安全与隐私威胁

1) 信息泄露。例如在图书馆、药品、电子档案、生物特征等 RFID 系统中,存储的个人信息可能被泄露。

2) 恶意追踪。RFID 系统后端服务器提供数据库,标签只需传递简单的标识符,可以通过标签固定的标识符追踪标签,即使标签进行加密后也可以对不知内容的加密信息追踪。

2.RFID 系统面临的攻击手段

(1) 主动攻击

首先,获得 RFID 标签的实体,通过物理手段在实验室环境中去除芯片封装、使用微探针获取敏感信号,进行目标标签的重构;然后,用软件利用微处理器的通用接口,扫描 RFID 标签和响应读卡器的探寻,寻求安全协议加密算法及其实现弱点,从而删除或篡改标签内容;最后,通过干扰广播、阻塞信道或其他手段,产生异常的应用环境,使合法处理器产生故障,拒绝服务器攻击等。

(2) 被动攻击

采用窃听技术,分析微处理器正常工作过程中产生的各种电磁特征,获得 RFID 标签和读卡器之间的通信数据。美国某大学教授和学生利用定向天线和数字示波器监控 RFID 标签被读取时的功率消耗,通过监控标签的能耗过程推导出了密码。根据功率消耗模式可以确定何时标签接收到了正确或者不正确的密码位。

主动攻击和被动攻击都会使 RFID 应用系统承受巨大的安全风险。

3.RFID 系统的安全与隐私性能

(1) 数据秘密性的问题

一个 RFID 标签不应向未授权的读卡器泄露信息。目前,读卡器和标签之间的无线通信在多数情况下是不受保护的(除采用 ISO14443 标准的高端系统)。由于缺乏支持点对点加密和 PKI 密钥交换的功能,因此攻击者可以获得标签信息,或采取窃听技术分析微处理器正常工作中产生的各种电磁特征来获得通信数据。

(2) 数据完整性的问题

保证接收的信息在传输过程中没有被攻击者篡改或替换。数据完整性一般是通过数字签名完成的,通常使用消息认证码进行数据完整性的检验,采用带有共享密钥的散列算法,将共享密钥和待检验的消息连接在一起进行散列运算,对数据的任何细微改动都会对消息认证码的值产生较大影响。

(3) 数据真实性的问题

这个问题即标签的身份认证问题。攻击者从窃听到的通信数据中获取敏感信息,重构 RFID 标签进行非法使用,如伪造、替换、物品转移等。

(4) 用户隐私泄露的问题

一个安全的 RFID 系统应当能够保护使用者的隐私信息或相关经济实体的商业利益。

5.3　安全与隐私问题的解决方法

5.3.1　物理方法

(1) Kill 标签

Kill 命令是为了让一个 RFID 标签关闭。接收到 Kill 命令之后,标签停止工作,所有功能都将被永久关闭并无法被再次激活,从此不能接收或传送数据。与电磁屏蔽性比,Kill 命令使得标签永久性无法读取,而电磁屏蔽取消之后,标签可以恢复正常功能。在物体由于外形或包装导致无法电磁屏蔽的时候,kill 标签即可确保足够安全,保证在商品售出后用户不被非法跟踪,从而消除了消费者在隐私方面的顾虑。

Auto - ID 中心提出的 RFID 技术标准设计模式中也包含有 Kill 命令。EPC global 认为这算是一种在零售点保护消费者隐私的有效方法。在销售点之外,购买的商品和相关的个人信息不能被跟踪。该方案的主要缺点在于限制了和消费者以及企业有关的标签的功能。

Kill 命令方法可有效地组织扫描和追踪,但同时以牺牲标签功能(如售后、智能家庭应用、产品交易与回收)为代价。因此不是一个有效的检测和阻止标签扫描与追踪的隐私增强技术。

(2) 法拉第网罩

法拉第网罩是由传导材料构成的一个容器,这个容器可以屏蔽掉无线电信号。它是 RFID 系统中用以保护用户隐私和安全的一种物理方法,是根据电磁场理论静电屏蔽相关的理论原理设计出来的。由于它特有的屏蔽作用,在法拉第网罩里的标签不能与外边的读卡器进行交互。也就是说,外部的无线电信号不能进入法拉第网罩,反之亦然。把标签放进法拉第网罩可以阻止标签被扫描,即被动标签接收不到信号,不能获得能量,主动标签发射的信号不能发出。因此,利用法拉第网罩可以阻止隐私侵犯者扫描标签获取信息。

法拉第网罩的优点是可以阻止隐私侵犯者扫描标签获取信息;缺点是无法广泛普及,难以大规模实施,而且不适用于特定形状的物品,如法拉第钱包。

(3) 主动干扰

主动干扰是对射频信号进行有源干扰,是另一种保护标签被非法阅读的物理手段,能主动发出无线电干扰的设备可以使附近的 RFID 系统的读卡器也无法正常工作,从而达到保护隐私的目的。这种方法的缺点是有可能干扰周围其他合法射频信号的通道,并且在大多数情况下是违法的,它会给不要求隐私保护的合法系统带来严重的破坏,也有可能影响其他无线通信。

(4) 阻止标签

RSA 实验室提出增加一个特殊的阻止读卡器来保证隐私。这种内置在购物袋中的专门设计的标签能发动 DoS 攻击,防止 RFID 读卡器读取袋中所购货物上的标签。其原理为:采用一个特殊阻止标签干扰防碰撞算法来实现,读卡器读取命令时每次总获得相同的应答数据,从而保护标签。但其缺点是,这种标签给扒手提供了干扰商店安全的方法。所以,该公司就采用了阻塞器标签方式,强化了消费者隐私保护,只在物品被购买后执行。消费者在销售点刷一下与个人隐私数据相关的忠诚卡,购物后,销售点会更新隐私信息,并提示某些读卡器(如供应链读卡器)不要读取该信息。阻塞标签方法的优点是,RFID 标签基本不需要修改,也不必执行密码运算,减少了投入成本,并且阻塞标签本身非常便宜,与普通标签价格相差不大,这使得阻塞标签可作为一种有效的隐私保护工具。

5.3.2　逻辑方法

基于 RFID 安全协议的方法有 Hash Lock 协议、随机化 Hash Lock 协议、Hash 链协议、基于杂凑的 ID 变化协议、分布式 RFID 询问应答认证协议和 LCAP 协议等。

1. 安全协议的基本概念和分类

(1) 安全协议的基本概念

安全协议是两个或以上的参与者采取一系列步骤(约定、规则、方法)以完成某项特定的任务,其含义有三层:协议至少有两个参与者;在参与者之间呈现为消息处理的消息交换交替等一系列步骤;协议须能够完成某项任务,即参与者可以通过协议达成某种共识。

安全协议是运行在计算机网络或分布式系统中,借助密码算法达到密钥分配、身份验证及公平交易的一种高互通协议。

(2) 安全协议的分类

密钥交换协议完成会话密钥的建立;认证协议实现身份认证、消息认证、数据源认证等;认证和密钥交换协议是以上二者的结合,如互联网密钥交换协议 IKE;电子商务协议是指协议保证交易双方的公平性,如 SET 协议。

2. 安全协议的安全性质与安全性验证

(1) 安全协议的安全性质

安全协议的主要目的是通过协议消息的传递实现通信主体身份的认证,并在此基础上为下一步的秘密通信分配所使用的会话密钥。协议的安全性质包括以下方面:

1) 认证性。认证性是最重要的安全性质之一,安全协议认证性的实现是基于密码的,具体有如下方法:声称者使用只被其与验证者知道的密钥封装消息,如果验证者能够成功解密消息或验证封装是正确的,则声称者的身份得到证明;声称者使用其私钥对消息签名,验证者使用声称者的公钥检查签名,如正确则声称者的身份得以证明;声称者可以通过可信第三方来证明自己。

2) 秘密性。秘密性是通过加密使得消息由明文变为密文,任何人在不拥有密钥的情况下不能解密消息。

3) 完整性。完整性是保护协议消息不被非法篡改、删除和替代。采用封装和签名,用加密的办法或使用散列函数产生一个明文的摘要附在传送的消息上,作为验证消息完整性的依据。

4) 不可抵赖性(非否认性)。不可抵赖性是指非否认协议的主体可收集证据,以便事后能够向可信仲裁证明对方主体的确发送或接受了某个消息,以保证自身合法利益不受侵害。协议主体必须对自己的合法行为负责,不能也无法事后否认。

(2) 协议安全性的验证

为了解决 RFID 系统的安全性问题提出的一些安全认证协议,应该采取一定的方法对其进行检验,即验证协议的安全性。现有的方法有攻击检验方法、形式分析方法等。攻击检验的方法就是搜集、使用目前对协议有效攻击的各种方法,逐一对安全协议进行攻击,然后检验安全协议在这些攻击之下安全性如何,这种方法的关键是选择攻击方法,主要的攻击方法分为以下几类:

1) 中间人攻击。攻击者伪装成一个合法的读卡器并且获得标签发出的信息,因此它可以伪装成合法的标签响应读卡器。因而,在下一次会话前攻击者可以通过合法读卡器的认证。

2) 重放攻击。攻击者可以偷听来自标签的响应消息并且重新传输这个消息给合法的读卡器。

3）伪造。攻击者可以通过偷听获得标签内容的简单复制。

4）数据丢失。标签数据可能因为 DoS 攻击、能量中断、信息拦截而损坏，导致标签数据丢失。

形式化的分析方法是采用各种形式化的语言或者模型，为安全协议建立模型，并按照规定的假设和分析、验证方法证明协议的安全性。

3. 几个典型的 RFID 协议

（1）Hash Lock 协议

由 Sarma 等提出，为了避免信息泄露和被追踪，使用 metaID 来代替真实的标签 ID，其协议执行过程如下：读卡器向标签发送 Query 认证请求；标签将 metaID 发送给读卡器；读卡器将 metaID 转发给后端数据库；后端数据库查询自己的数据库，如找到与 metaID 匹配的项，则将该项的（Key、ID）发送给读卡器。公式为 metaID＝H(Key)；否则，返回给读卡器认证失败消息。

读卡器将接受自后端数据库的部分信息 Key 发送给标签。标签验证 metaID＝H(Key) 是否成立，如果是，将其 ID 发送给标签读卡器。读卡器比较自标签接收到的 ID 是否与后端数据库发送过来的 ID 一致，如一致，则认证通过。

（2）随机化 Hash Lock 协议

作为 Hash Lock 协议的扩展，随机 Hash Lock 协议解决了标签定位隐私问题。采用随机 Hash Lock 协议方案，读卡器每次访问标签的输出信息都不同。基于随机数的询问应答机制协议的执行过程为：读卡器向标签发送 Query 认证请求；标签生成一个随机数 R，计算 $H(IDk||R)$，其中 IDk 为标签的表示。标签将 $(R, H(IDk||R))$ 发送给读卡器；读卡器向后端数据库提出获得所有标签标识的请求。后端数据库将自己数据库中的所有标签标识发送给读卡器；读卡器检查是否有某个 IDj，使得 $H(IDj||R) = H(IDk||R)$ 成立。如果有，则认证通过，并将 ID 发给标签。标签验证 IDj 和 IDk 是否相同，如相同，则认证通过。

（3）Hash 链协议

Hash 链协议是基于共享秘密的询问应答协议。其原理如下：标签最初在存储器设置一个随机的初始化标识符 s，同时这个标识符也储存在后端数据库。标签包含两个 Hash 函数 G 和 H。当读卡器请求访问标签时，标签返回当前标签标识符 rk：G(S) 给读卡器，同时当标签从读卡器电磁场获得能量时自动更新标识符 s＝H(S)。该方案具有"前向安全性"，但是该方法需要后台进行大量的 Hash 运算，只适用于小规模应用。

5.4 RFID 芯片的攻击技术分析及安全设计策略

5.4.1 RFID 芯片攻击技术

根据是否破坏芯片的物理封装可以将标签的攻击技术分为破坏性攻击和非破坏性攻击两类。

（1）破坏性攻击

初期与芯片反向工程一致：使用发烟硝酸去除包裹裸片的环氧树脂，用丙酮/去离子水/异丙醇清洗，氢氟酸超声浴进一步去除芯片的各层金属。去除封装后，通过金丝键合恢复芯片功能焊盘与外界的电器连接，最后手动微探针获取感兴趣的信号。

（2）非破坏性攻击

针对具有微处理器的产品，手段有软件攻击、窃听技术和故障产生技术。软件攻击使用微处理器的通信接口，寻求安全协议、加密算法及其物理实现弱点；窃听技术采用高时域精度的方法分析电源接口在微处理器正常工作中产生的各种电磁辐射的模拟特征；故障产生技术通过产生异常的应用环境条件，使处理器发生故障从而获得额外的访问路径。

5.4.2　破坏性攻击及防范

1. 版图重构

通过研究连接模式和跟踪金属连线穿越可见模块，如 ROM、RAM、EEPROM、指令译码器的边界，可以迅速识别芯片上的一些基本结构，如数据线和地址线。版图重构技术也可以获得只读型 ROM 的内容。ROM 的位模式存储在扩散层中，用氢氟酸去除芯片各覆盖层后，根据扩散层的边缘易辨认出 ROM 的内容。在基于微处理器的 RFID 设计中，ROM 可能不包含任何加密的密钥信息，但包含足够的 I/O、存取控制、加密程序等信息。因此，推荐使用 Flash 或 EEPROM 等非易失性存储器存放程序。

2. 存储器读出技术

在安全认证过程中，对于非易失性存储器至少访问一次数据区，因此可以使用微探针监听总线上的信号获取重要数据。为了保证存储器数据的完整性，需要在每次芯片复位后计算并检验一下存储器的校验结果，这样就提供了快速访问全部存储器的攻击手段。

5.4.3　非破坏性攻击及其防范

微处理器本质上是成百上千个触发器、寄存器、锁存器和 SRAM 单元的集合，这些器件定义了处理器的当前状态，结合组合逻辑即可知道下一时钟的状态。每个晶体管和连线都具有电阻和电容特性，其温度、电压等特性决定了信号的传输延时。触发器在很短时间间隔内采样并和阈值电压比较且仅在组合逻辑稳定后的前一状态上建立新的稳态。在 CMOS 门的每次翻转变化中，P 管和 N 管都会开启一个短暂的时间，从而在电源上造成一次短路。如果没有翻转，则电源电流很小。当输出改变时，电源电流会根据负载电容的充放电而变化。常见的攻击手段有电流分析攻击、故障攻击。

5.5　关于 RFID 系统安全方面的建议

RFID 技术已经在零售、物流等领域内展示出其强大的优越性，在未来的发展中必将给人们的日常生活带来极大的便利，但安全和隐私问题不容忽视。从前面的论述中可以看出，研究人员提出了许多解决 RFID 系统安全和隐私问题的方法，也取得了一定效果，但这些方法都有各自的优缺点,不能完全满足 RFID 系统的安全需求,达到真正实用的目标。这也说明,解决 RFID 系统的安全和隐私问题是一件困难的事情,原因主要在于要大规模推广使用 RFID 技术,必须严格限制标签的成本,而低成本的标签又极大地限制了其安全和隐私问题的解决。

通过分析,有效解决 RFID 系统的安全和隐私问题将取决于以下三个方面的发展:

1) 最关键的研究领域仍然是开发和实施硬件实现的低成本的密码函数,包括摘要函数、随机数发生器以及对称加密和公钥加密函数等;

2) 在电路设计和生产上进一步降低 RFID 标签的成本并为解决安全问题分配更多的资源;

3) 设计开发新的更有效的防偷听、错误归纳、电力分析等的 RFID 技术协议。一般而言,RFID 读卡器和标签必须能在不影响安全的情况下从能源或通信中断中平稳恢复。综合考虑上述三个方面,研究有效的解决方案将是未来 RFID 技术发展的主要方向。

没有某个单一的技术能够满足 RFID 系统要求的所有安全等级,在很多情况下需要几种技术组合在一起的综合解决方案。对于特殊的应用,ISO 或 EPC global 这样的标准化组织发布了一些安全标准,例如适应于近距离标签的 ISO/IEC 15693,给出了 RFID 鉴权的安全标准来用于接入控制和无接触支付应用。RFID 系统的安全,是一个具有挑战性和非常复杂的课题,需要全面综合的解决方法。为了实现 RFID 系统应用中的信息安全,有以下几点建议:

1) 对应用于 RFID 系统中所有可能的解决方案的优点和缺点进行评估。

2) 考虑实施特定的安全解决方案的成本。

3) 衡量 RFID 计划中风险防范所需的成本和安全侵入所带来的损失。

4) 咨询 RFID 安全专家或者所信赖的厂商帮助做出最佳的决定。

习 题

1. RFID 系统的安全问题主要表现在哪些方面?

2. 常用的 RFID 安全策略有哪些?

第6章 RFID 技术应用

随着 RFID 技术的商业化,RFID 技术的应用范围已经非常广泛,包括物品跟踪、航空行李分拣、工厂装配流水线、汽车防盗、电子票证、动物管理、商品防伪等。最先开始利用这项技术的是零售业和包装业。它们将 RFID 技术用做供应链管理的辅助管理工具。根据市场研究机构分析报告,RFID 技术在资产和供应链管理应用的销售额占该潜在市场销售额的比例将从20%增长到48%。像沃尔玛、吉利、宝洁等公司已经开始采用 RFID 技术来减少库存错误并保证商店有良好的存货。由于 RFID 标签具有存储信息量大、读取快捷方便、不易仿制的特点,通过读取 RFID 标签中的信息,商品的来源、生产日期、有效期、生产厂商的信息都可以一目了然。由于可以在 RFID 标签中设置一些特殊的加密数据信息,所以基本上没法被完全仿制,从而起到了打击伪造之功效。有人预计,RFID 技术将掀起下一个防伪技术的浪潮。RFID 技术已经被广泛应用于工业自动化、商业自动化、交通运输控制管理等众多领域。

公路运输收费管理大量采用 RFID 技术,如 ETC(不停车收费系统),安装 RFID 标签的车辆能以 100 km/h 的速度通过收费口,读出设备可以快速、准确地记录通过车辆的编号或账户信息,实现高速公路通行费的自动征收与管理。

车辆出入管理,射频识别系统可以应用于大型停车场、军事重地、金融系统等地方的人员出入管理。将与名片大小相仿的 RFID 标签贴附在汽车的风挡玻璃或挂在人的身上,当有人员或车辆经过读卡器时,读卡器即可快速、准确地记录下所通过的车辆或人员信息以及通过的时间。同时还可以对是否允许通过做出判断,自动控制出入大门开关,做到出入严格管理。

在图书馆中的应用,由于 RFID 标签具有比条形码更好的优越性,所以可以在图书馆中用RFID 来代替条形码进行图书的管理。用 RFID 标签代替条形码可以有以下的优势:简化借还书作业、加速了盘点作业、容易查找错架、乱架的图书、读者可自助开展借还书等。

其他方面的应用还很多,RFID 技术可广泛应用于矿山、油田、化工厂、核工厂等一些重要、危险区域或单位。对出入人员进行自动登记,包括身份号码、进出时间等。从而大大增加了安全系数。RFID 技术还可以应用于博物馆、商店、实验室以及医院病区管理,监视病人出入等。

门禁管制系统具有人员出入门禁监控、管制及上下班人事管理等功能;回收资产系统具有栈板、货柜、台车、笼车等可回收容器管理功能;货物管理系统具有航空运输的行李识别、存货、物流运输管理等功能;物料处理系统具有工厂的物料清点、物料控制系统等功能;废物处理系统具有垃圾回收处理、废弃物管控等功能;医疗应用系统具有医院的病历系统、危险或管制之生化物品管理等功能;交通运输具有高速公路的收费功能;防盗 RFID 系统具有超市的防盗、图书馆或书店的防盗管理等功能;动物监控系统具有畜牧动物管理、宠物识别、野生动物生态的追踪等功能;在自动控制系统中的应用更多,如汽车、家电、电子行业的组装生产;联合票证系统中联合了多种用途的智能型储值卡、红利积点卡等。

这是一个可以承载更多创新应用的平台,下面结合几个案例做深入分析。

6.1　RFID 技术与小区人员、车辆管理系统

随着社会的进步和发展,人们的生活方式发生着深刻的变化,城市的交通拥挤便是现象之一。城市由于交通工具的增加造成的交通拥挤给人们的生活带来极大的不便,这种不便迫使人们去寻找高技术的有效手段加以解决。智能化的停车场即是顺应这一时代需求的高技术产物,这不仅可以有效地解决乱停乱放造成的交通混乱,而且可以促进交通设施的正规化建设,同时也尽可能地减少车主失车被盗的忧虑。另外,在技术方面,其高技术性匹配于现有其他智能化系统,具有很好的开放性,易于与其他智能化系统组合成更强大的综合系统,顺应各种综合方式的高级管理。

停车管理,是针对建设安全文明商业区的管理需要,以物业小区内的停车场智能化管理为目标,重点以超市内购买月租、月卡的固定停车用户为服务对象,以达到停车用户进出方便、快捷、安全,物业公司管理科学高效、服务优质文明的目的。停车管理对提高物业管理公司的管理层次和综合服务水平方面将起重要的作用。

本系统利用 RFID 技术,将智能小区停车场系统微型模式搬进实验室,让人们有机会近距离地感受车辆自动化管理模式的风范。

1. 设计原则

根据我们对此次停车场系统设计的理解,应在设计过程中遵循以下原则:

1) 业主车辆管理主要着眼于两点,一是系统应能方便业主车辆的出入;二是读卡器可以使业主不下车,在远距离时(9～10 m)就可以完成身份识别。

2) 与保安取得联系是临时车辆管理的关键。

3) 停车场系统必须保证停放车辆的安全,不允许出现恶意驾驶其他车辆出入场的情况。

2. 系统设计目标

1) 停车场系统设计符合国家及该市停车场管理规定。

2) 智能化流程一步步指导用户完成车辆出入场及停车过程,对整个过程中出现的问题及时给予提示,保证车辆出入场的方便快捷。

3) 具有高安全性。区别于国外停车场的设计,系统更多地考虑了我国的国情,着重加强了车辆的静态与动态防范工作。其中,静态部分可扩充电子密码锁及报警装置对停泊的车辆加以监测;动态部分则采用图像对比系统来完成出入场车辆图像的动态摄制与对比,最终保证了系统的安全。

4) 具有车辆保护功能。道闸根据车辆的通行情况自动升起和降落,并具有防砸车功能,即只要进出场车辆尚在道闸下,道闸将保持其初始状态不会下落。

5) 采用标准的工业控制系统结构,可根据用户的不同要求组织不同系统的配置,方便灵活。

6) 安装、调试、维护简单方便,易于更换及检修。

3．主要设计依据规范

➤《建筑智能化系统工程设计管理暂行规定》建设部 1997

➤《民用建筑电气设计规范》(JGJ/T 16—92)建设部

➤《智能建筑设计标准》(DBJ 08—4—95)上海市建委 1996

➤《建筑和建筑群综合布线工程设计规范》中国工程建设标准协会 1997

➤《建筑和建筑群综合布线工程施工及验收规范》中国工程建设标准协会 1997

➤《大楼通信综合布线系统》(UD/T 926)邮电部 1997

➤《火灾自动报警系统设计规范》国家计委 1988

4．系统设计方案总则

(1) 入场控制功能

节省人力：入口实现无人管理模式。

身份识别：判断前来刷卡的车辆是否具有入场权限。

临时发卡：对临时进入停车场的车辆自动发放临时停车卡；发卡方式可选择有车按钮出卡、无车按钮出卡、电脑出卡；自动发放的临时卡读卡方式可选择有车读卡、无车读卡；发卡机出卡后必须待车主将卡拿至手中道闸才能开启，当卡片发出来后 20 s 内未被人取走，发卡机会自动将卡收回机箱内，以避免卡的丢失。

信息记录：读卡时同步自动记录入场时间、入场地点、车辆信息和车主身份。

图像摄取：与开闸指令同步摄取入场车辆图像并存储到数据库中，以备出场时进行车辆核对与以后查阅。

车牌识别：自动提取入场车辆的车牌号码，作为车辆进入停车场的唯一性识别标志，以供出场时进行车辆识别与以后查阅。

满位显示：停车场内车位已停满时，通过 LED 显示屏提示前来的车辆，同时禁止按钮出卡，但依然保留电脑出卡功能以满足一些特殊的车辆与人员的入场要求。

信息显示：高亮度 LED 显示屏，即使在户外阳光下，显示的信息依然清晰可见；信息显示采用中英文双语显示，适用于 WTO 环境下外籍车主不断增加的情形；信息内容简明扼要，即可给车主明确的提示，又不耽误车辆入场的时间。

语音提示：声音提示方便周到；模拟人声清晰动听；可插拔式数字化语音模块方便系统集成与升级；具有超大存储容量，满足多种声音提示信息的输出。

(2) 出场控制功能

自动计费：根据入场时间与出场时间自动计算停车时间，根据停车时间与收费标准自动计算应收费用；收费标准可以根据需要，在停车场管理软件非常方便地定义并下传到控制机中，收费时间可以精确到秒，收费金额最小到"角"；还专门定制了"××市收费"选项，适用于××市"同一车辆在某一个时间段内多次出入停车场只收取第一次出入的费用"的收费。除临时车辆要人工以现金形式收取停车费用外，其他车辆可以在读卡时自动收取/扣除停车费用。

车辆确认：读卡时对比显示车辆信息，确认入、出场是否为同一辆车。

图像对比：摄取出场车辆图像并存储，同时自动调出该车的入场图像对比显示，以进行准确的对比确认，增强了防盗功能，并使得事后稽查更加精确、容易。

临时卡回收:除了可以由值班收费人员人工回收临时卡外,出口控制机可以设置吞卡机自动回收临时卡。

(3)中心控制与管理功能

IC卡管理:实现IC卡的授权发行、数据更改、挂失/解除挂失、退卡、清空回收等管理;系统可以处理的挂失卡的最大数量为1万张(即"黑名单"数量为1万条);系统最大卡片容量为$2^{32}-1$张。

万能查询功能:可能通过一个条件或多个条件相组合,对车场使用情况、卡片使用情况、车辆进出情况等相关资料进行查询,并能够按照客户的要求生成报表,或方便其他系统调用的电子报表。

统计管理:提供各种统计资料以不同的报表形式输出,提供任意形式的查询并以报表形式输出。

设备监控与管理:控制道闸的开、关、停,控制发卡机出卡;实时检测道闸的工作状态并以生动形象的方式显示,实时检测出卡机的工作状态与存储卡片的数量并以生动形象的方式显示,实时检测车辆检测器的工作状态以及感应线圈上是否有车辆存在并以生动形象的方式显示。

系统设置:通过简单的鼠标操作,可以轻松地进行系统设置,如有/无图像对比系统、数据保留时间、选择授权发卡的设备、收费方式、是/否满位提示等。

(4)其他特殊功能

脱机、脱网运行:系统在电脑出现故障或网络不通的情况下,仍然能够正常工作;脱机状态下车辆进出场的记录可以保存1万条;当电脑或网络修复后,存在控制机中的脱机记录会自动上传到电脑中保存,有效地保障系统24 h不间断运行;

一卡通用:一张卡片可以在多个系统(如停车场、门禁、巡更、考勤、收费、通道闸等)中使用,多种服务与应用的卡片的授权发行可以一次完成。

控制方式设置:一台控制机可以控制多台道闸,也可以多台控制机控制一台道闸;道闸与控制机可以实现有效的连锁。

权限管理:多个出入口的停车场,可以设置某一车辆可以进出全部的出/入口,也可以限制该车辆能进出其中的几个出/入口。

高峰模式设置:出/入口控制设备可以通过一个简单的跳线帽的插接将其转换为入/出口设备,配合软件的管理模式转换,可以非常方便地将系统从正常模式设置成上/下班高峰管理模式,以便高峰情况下车辆的进出管理。

远程管理功能:为了方便车主,月卡可以进行远程延期,即月卡车主如果有延期要求,只需打电话通知管理处,管理处通过电脑对此卡进行延期,而无须月卡车主亲自带卡到管理处进行延期,从而大大方便了车主,也提高了服务质量。

嵌套管理功能:在停车场内部还嵌套有停车场的管理模式,也就是通常的大套小停车场系统,且嵌套功能在脱机、脱网状态下依然可以实现,这是行业内唯一真正解决了这一问题的系统。通过简单的跳线设置系统可以实现大车场入口、大车场出口、场内小车场入口、场内小车场出口四种工作模式,即车辆进入大车场后可直接从大车场出场,经过对卡片发行时的授权许可,也可以进入小车场,进入小车场的车辆必须先出小车场才能出大车场。

多种感应卡共存:系统可以使用国内外大多数的IC卡、ID卡等读卡器,且这些卡可以在同一个系统中使用,方便对车主及其车辆进行分类管理并提供周到的服务。

5. 车辆进出控制模式

(1) 单通道不判断进出控制模式

通道宽度为 2～4 m,读卡距离最好限定在 10 m 以下,可调节。如有需要可以不必停车,车速控制在 60 km/h 以下为宜,感应卡选择有源标签,将其安装在车的挡风玻璃后面或者车内合适地方,人员佩戴胸前。读卡器读到即识别,不识别进出。该产品可以使用读卡器,放置在门卫桌面上或者可以安装到室外,安装到室外的时候要用一个金属箱保护起来;读卡器天线可以用不锈钢立柱固定在通道旁或者悬于通道顶部恰当位置,安装时可根据现场实际情况调整至最佳离地高度和角度。图 6-1 所示为该模式的示意图。

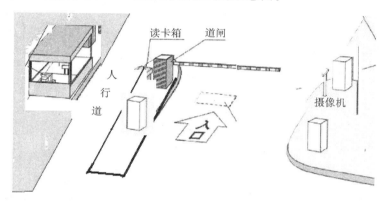

图 6-1　单通道不判断车辆进出控制模式示意图

(2) 单通道可判断进出控制模式

通道宽度为 2～4 m,在通道旁相隔 10～20 m 分别设读卡器,读卡距离最好限定在 10 m 以下,可调节。如有需要可以不必停车,车速控制在 60 km/h 以下为宜,感应卡选择有源标签,将其安装在车的挡风玻璃后面或者车内合适地方。系统按读卡器读到的先后顺序判断进出,先读到的先识别。读卡器可以放置在门卫桌面上或者可以安装到室外,安装到室外的时候要用一个金属箱保护起来;读卡器天线可以用不锈钢立柱固定在通道旁或者悬于通道顶部恰当位置,安装时可根据现场实际情况调整至最佳离地高度和角度。该模式一般使用 2 台读卡器。图 6-2 所示为该模式的示意图。

(3) 双通道进出控制模式

通道总宽度为 4～6 m,一进一出,分别在进口和出口处各安装读卡器,读卡距离限定在 10 m 以下,可调节。读卡器读到即可识别。若有需要可以不必停车,车速控制在 60 km/h 以下为宜。感应卡选择有源标签,将其安装在车的挡风玻璃后面或者车内合适地方。读卡器可以放置在门卫桌面上或者安装到室外,安装到室外的时候要用一个金属箱保护起来;读卡器天线可以用不锈钢立柱固定在通道旁或者悬于通道顶部恰当位置,安装时可根据现场实际情况调整至最佳离地高度和角度。该模式应该安装 2 台读卡器。图 6-3 所示为该模式的示意图。

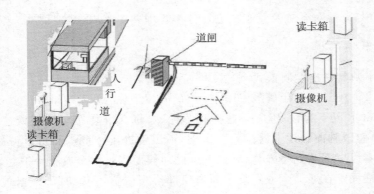

图 6 – 2　单通道可判断车辆进出控制示意图

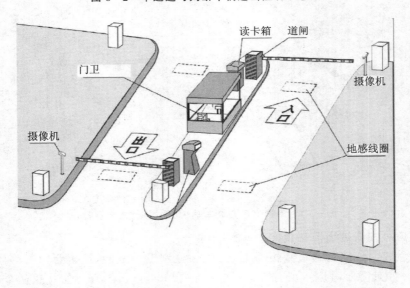

图 6 – 3　双通道车辆进出控制模式示意图

　　以上方案以及原理图是现实生活中的应用案例,是现实生活中智能小区车辆管理的真实描绘。

6. 智能停车场系统特点

(1) 防丢卡功能

　　硬件设备系统真正做到了防盗卡功能,在同行业的同类产品中,月卡车主盗走临时卡的现象严重,在创通停车场系统中,杜绝了此类现象。月卡读卡后,出卡机自动上锁,此时车主若想盗卡,按下"取卡"按钮,系统自动保护,不响应"取卡"命令,直至车主驱离入口道闸。同样,临时卡车主按下"取卡"按钮,系统提示"欢迎光临"后,出卡机自动上锁,此时车主若想盗卡,再次按下"取卡"按钮,系统自动保护,不响应"取卡"命令,直至车主驱离入口道闸。系统既实现了一车一卡,又达到了防盗卡功能,真正做到智能化无人管理。而其他同类产品的系统中在这方面都存在很多的漏洞,常造成丢卡的现象。

（2）防盗车功能

在车辆入场取卡（读卡）的瞬间，图像抓拍控制系统将自动抓拍该入场车辆的图像（车形、车牌等）并将该图像上传至计算机保存；在出场时，车主将卡交由值班人员在临时卡读卡器上读卡，系统读取卡上信息，经逻辑判断正确后向卡上写入信息，并传送至电脑储存（在读卡器读卡瞬间系统抓拍该出场车辆图像，并传送到计算机上保存），同时系统调出该卡入场时所抓拍的图像，由值班人员根据两幅图像进行对比（如车牌号码、车型等），如一致无误值班人员根据计算机上显示收取相应的费用，人工按 Enter（回车）键开闸，道闸启，车辆驶离停车场。从而有效地防止车辆被盗事情的发生。

（3）互锁式发卡计卡系统

设备控制系统可任意设置有车读卡、无车读卡、有车出卡、无车出卡以及管理电脑出卡，功能设置可由用户任意选择，方便灵活，系统通用性强。设备做到出卡即读（无须在读卡区再次刷卡）、必须在取卡后方可开闸，杜绝了临时车辆不取卡就进场的混乱现象，真正做到无人智能化管理。而其他品牌的设备控制系统的功能设置不能更改。车主在设备读卡后没有取卡就能直接入场，从而造成出场因没有卡而无法出场的麻烦。

（4）系统实时监控功能

道闸采用智能数字式道闸，计算机可以实时检测道闸开启状态，并可以进行自检，在智能停车场管理系统软件中即使不带图像对比也同样可显示道闸的开起和关闭状态，设备控制系统会实时的把系统状态传输给管理电脑，在显示屏上显示道闸的开启和关闭，做到人机对话，这样既有利于客户功能选择又便于现场实时管理。而其他品牌的道闸是非数字式的，计算机不能检测道闸的开起状态，极不便于现场实时管理。

（5）数字化

大多智能产品均采用了数字化技术，人性化管理实现故障自我诊断，性能稳定、不易死机。

（6）闭环控制技术

采用了闭环数字化技术，可自动补偿因故丢失的信号，清除一切外界干扰（有的部分为双重信号，如开闸信号，既有数字信号同时又有模拟信号），而且运行状态均有反馈，可靠性比开环系统提高 6 倍。

（7）强大的软件功能

该系统使用了目前较为先进的客户机/服务器（C/S）体系结构，其数据存储于后台服务器，并使用目前最为先进的 SQL Server 2000 作为数据库服务器，在具备了该网络数据库本身所特有的强大数据管理功能的同时又给用户提供了较为人性化的易于使用的用户界面，用户可以与任意一台终端较为方便地查询车辆的进出资料、收费资料以及各种统计报表等，可以按照任意范围、任意顺序、任意规格进行打印输出，而且其报表格式采用了标准的超文本格式，可以方便地转换存储（IE、Word、Excel 均可以直接打开此种格式）。

（8）系统性能极其稳定、可靠，易维护，易升级

由于采用数字化技术、模块化设计，能实现故障自我诊断，并能实现自动补偿丢失的信号，清除一切外界干扰；维修快捷，维修人员的到达速度就是维修完成的速度（维修人员只需换上相应模块即可）；无须专人维护，用户自己就可以进行升级，升级后运行稳定，无须再培训。

（9）中英文显示屏功能多样化

控制机中英文显示屏集车场语言显示、公共广告（管理信息、天气预报等）及车位显示于一体,中英文显示屏的显示内容可随时发布或更换,其显示模式多样化,显示内容人性化,操作控制简易化,适时刷新显示车场状况,能满足停车场各种管理情况的要求。其功能的模块化、集成化在同行业、同类产品中独一无二,充分体现了系统的智能化、人性化特点。而其他品牌的停车场系统显示功能被固化,只能固定显示。

(10) 脱机运行功能

在计算机出现故障或关闭的状态下,系统可照常工作,并可储存数据直到计算机恢复工作。IC卡、ID卡均可以做到脱机运行。而其他产品目前在计算机故障或关闭的情况下,只能依靠人工干预管理才能维持系统的运行。

综上,智能停车场系统具有以下主要优点:

智能IC卡具有防水、防磁、防静电、无磨损、信息储存量大、高保密度、一卡多用等特点。卡片无须像磁卡及条码卡那样刷卡,只需在读卡区域轻轻一晃即可,操作更为方便。全中文下拉式菜单操作界面,操作简单、方便,多种财务报表功能(自动形成各种报表)。临时车辆可人工或自动出卡,减少人员操作,自动化程度高。滚动式LED中文电子显示屏提示,使用户和管理者一目了然。独特的车牌号录入、显示系统及图像对比系统,是停车场防盗的有效措施。出卡机存储量不足时自动提示。

车辆进出全智能逻辑自锁控制,严密控制持卡者进出场的行为符合"一卡一车"的要求。高可靠性和适应性的数字式车辆检测系统,防砸车装置可保证无论是进场车辆或发生倒车的车辆,只要在闸杆下停留,闸杆就不会落下。

智能小区车辆管理系统以RFID技术为基础,主要任务是使停车智能管理为目标。使用智能小区车辆管理系统,有利于提高物业管理公司的管理层次和综合服务水平,从而使停车用户进出方便、快捷、安全,物业管理公司的管理与服务更加科学、高效、优质文明。

RFID技术就在我们的身边,而且RFID技术的应用使我们的生活更加快捷、方便。

6.2　基于 RFID 技术的门禁系统设计

1. 门禁系统的组成

简单来说,门禁系统就是管理人员出入的智能化系统,是一种数字化管理系统,又称出入管理控制系统。该小区所采用的门禁控制技术是基于RFID的非接触智能卡技术。小区门禁分两个部分:小区进出门禁和各单元楼门禁。两种门禁的外观放置不同,但它们的组成基本相同,主要包括射频卡、读卡器、电子门锁、门禁控制器、数据采集器、后台数据处理系统等,其中电子门锁按断电时的开关状态分为电磁锁、阳极锁、阴极锁。系统各组成单元布线结构简图如图6-4所示。

2. 门禁系统的技术原理及标准选择

本系统采用感应式技术或RFID技术,不再会因为接触摩擦而引起卡片和读卡设备的磨损,也无需将卡插入孔内或在刷卡槽内刷卡,卡片只需在读卡器的读卡范围内晃动即可,兼有使用方便、使用寿命长等优点。射频卡与读卡器之间的外部通信简图如图6-5所示(采用读卡器方式,无源射频卡)。

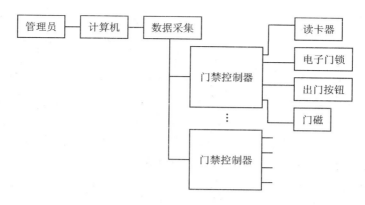

图 6 - 4   系统各组成单元布线结构简图

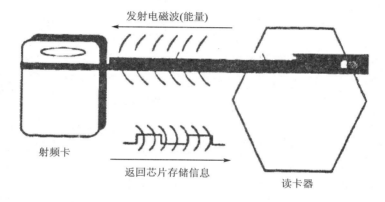

图 6 - 5   射频卡与读卡器间的通信简图

图 6 - 5 所示系统的基本工作流程为:读卡器通过发射天线发送一定频率的射频信号,当射频卡进入发射天线工作区域时产生感应电流,射频卡获得能量被激活;射频卡将自身编码等信息通过卡内置发送天线发送出去;系统接收天线接收到从射频卡发送来的调制信号,经天线调节器传送到读卡器,读卡器对接收的信号进行解调和解码然后送到后台主系统进行相关处理;主系统根据逻辑运算判断该卡的合法性,针对不同的设定做出相应的处理和控制,发出指令信号控制执行机构动作。

对一个 RFID 系统来说,它的频段概念是指读卡器通过天线发送、接收并识读的射频卡信号的频率范围。RFID 技术涉及多种频率的电磁物理特性,它的标准化工作应该包括工作频率、射频卡规格、数据编码格式、读卡器与射频卡之间的通信协议等内容,是一项比较烦琐的工作。考虑到门禁系统中进出持卡人员对系统识别距离的要求(1 m 以内),结合系统的读取速度、成本、防冲撞功能以及对环境(水、金属)的敏感度等,本系统采用 13.56 MHz 的频段(注:该频段在其他领域,如二代身份证、学生铁路优惠票证等,已经得到了广泛应用,技术成熟性高)。

本射频识别门禁系统所采用的是 ISO14443 - TYPEB 标准。

3. 本门禁设计的特点

(1) 门禁钥匙采用双卡制

目前国内普遍使用的第二代居民身份证是一种有"芯"身份证,即在身份证内部嵌入了非接触式 IC 芯片。第二代身份证和本设计系统所需的射频卡一样,也采用了 ISO 14443 - Typeb 标准,那么可不可以用第二代身份证代替射频卡作为出入门禁的"钥匙"呢?据 2008 年 7 月新京报报道,北京天宁寺社区里的部分居民已经将这样的设想变为现实。虽然现阶段只是试点运行,社会各界人士也对此褒贬不一,但使用身份证作为门禁钥匙在小区门禁安全管理上的优势已经凸现。但由于身份证有制作过程较复杂及丢失后补办时间较长等缺陷,故用它作为门禁钥匙使用若不慎丢失将给居民带去不便。由此可见,用第二代身份证作为门禁钥匙利弊共存。因此,本设计提出门禁钥匙"双卡制"方案。该方案将射频卡作为进出门禁的主要钥匙,而将二代身份证作为居民忘带射频卡情况下的应急措施,并鉴于二代身份证的重要性、特殊性,给每个居民二代身份证的使用设置了次数限制(比如一个季度限用五次等),超过限用次数刷卡(指使用二代身份证)无效并且刷卡时系统控制发出报警信号。当居民同时携带射频卡和二代身份证时,读卡器将同时识别到居民所带的两种"门禁卡",后台管理系统将按所采集到的数据加以区分,并对二代身份证的该次识别不予季度限用次数的累加。

(2) 门禁系统的安全性考虑

将发给居民的射频卡(或称门禁卡)设置效期,过期则需由居民本人携带有效证件到小区相关工作处(如门禁卡管理处)重新登记办理。

若居民不慎丢失射频卡,可由居民本人携带有效证件到小区相关工作处进行挂失,挂失后该卡处于功能封锁状态。按居民要求,可以登记办理新卡。

居民携卡进门时,系统可通过相关设备(如音频设备、显示设备等),对门禁工作人员(保安等)进行快捷的语音提示,如年龄、性别,以防造假。更复杂地,相关工作人员可将卡片使用者的面部图像录入门禁管理系统,居民携卡进门时,可显示卡片真正主人的面部图像,这样便几乎可以杜绝造假行为。

对于小区来访人员(如探亲人员),小区管理者可为其准备临时射频卡,并查看、登记其有效证件,收取一定押金后给予来访人员有效临时射频卡。(注:备用射频卡的外观制作要区分于小区内部居民所持射频卡,以便出门还卡时便于管理——进行人员区分。)

对火灾等紧急情况可采取一定措施:首先得注意电控锁的选择,电控锁中的电磁锁和阳极锁都是断电开门型,符合消防要求。选择这两种电控锁的其中一种,就可以在火灾时因自动断电或者人为切断电源后所有被控制的门禁打开,以便居民的疏离。此外,在设计门禁系统时,应采用单向门禁控制器,即进门刷卡和出门按钮。这样的设计即便灾难发生时没有发生断电,也没有人员的及时断电控制,小区内部人员也可以在因慌乱没有携带卡片的情况下通过按钮开门,以便人员及时疏散。

(3) 小区中特殊人群的管理

小区中的特殊人群主要包括老人、小孩、残疾人等。由于这些特殊人群缺少或没有足够的自我保护能力,系统可在他们外出时自动记录或发送短信通知其监护人,以便对他们实行跟踪保护。

（4）门禁卡的外观设计

将一项设计应用于人们的日常生活当中，除了要考虑很多纯技术性的东西，还要考虑一些有关人性化的东西；否则，如果设计出来的方案实例没有人愿意接受，就像这样的一个智能小区门禁系统，如果没有市场，那么它在现实中就很难得到实施开发。要说服业主接受这样的一套门禁方案，首先要体现它的优越性（主要是便利性），首要考虑的是卡片的封装形式，应该便于携带。可以将制作好的射频卡与居民的钥匙或者钥匙链封装在一起，射频卡表面可印制居民个人信息，如姓名、编号、性别等，以便使居民所携带的射频卡具有个人特征。如业主不慎将卡丢失，也容易找回。

门禁系统采用 RFID 技术，在技术和自动化管理上优于普通门禁系统。系统在设计中考虑了一些特殊及突发状况并提出了人性化的解决方案，如便于携带的卡片封装形式、对出入小区的特殊人群（老弱病残、外来人员）的跟踪保护、对火灾或地震等突发状况的应对措施等。此外，本设计的独特之处在于考虑到将第二代身份证作为出入门禁的钥匙。这个正在试点运行的方案将由于它特有的管理优势，有望在不久的将来在人们的生活中得到普遍应用。届时，RFID 技术在门禁上的应用将给人们的生活带来更多的便利。RFID 技术广阔的发展及应用前景令人期待。

6.3　RFID 技术与图书馆

1. 国外现状

RFID 技术是 21 世纪十大重要技术之一。世界各国都在大力发展 RFID 技术。在过去的10 年中，关于 RFID 技术的专利已达 6000 多件。1998 年，RFID 在北美图书馆被提议作为读者自助借还的一种方式，随后纽约洛克菲勒大学图书馆最先安装了 RFID 系统。1999 年，密歇根州的法明顿社区图书馆成了使用该技术的首个公共图书馆。至今，世界上已经实现RFID 管理的图书馆多达数百家。据不完全统计，截至 2006 年上半年，全球约有 1000 多家图书馆已经实现了 RFID 系统。世界大型图书馆应用 RFID 技术的速度正以每年 30％的速度增长。RFID 技术在图书馆领域的应用中，美国居于世界领先地位，英国与日本并列第二。荷兰、澳大利亚等国也相继使用该技术建设图书馆自动化系统。在亚洲地区，日本、韩国、新加坡等国都拥有了很多图书馆应用的成功案例，如日本的九州大学图书馆筑紫分馆、奈良尖端技术大学图书馆、东京都广告博物馆图书馆，韩国的汉城大学图书馆等。新加坡国家图书馆于2002 年采用了 RFID 技术，成为亚洲第一个实现 RFID 技术的图书馆。RFID 技术在国外应用数年来，取得了很好的效果，彻底改变了传统的借阅服务和典藏管理服务，提高了图书馆管理效率和系统的管理效果。全球著名 IT 咨询和研究机构 Gartner Group 曾经预测，RFID 产业在 2010 年可达到 30 亿美元。随着 RFID 技术在各行各业的广泛应用，RFID 技术在图书馆的应用呈现激增的趋势。目前，使用 RFID 的图书馆标签大都采用高频无源标签。

2. 国内现状

2006 年 6 月，由科技部、国家发展和改革委员会、商务部、信息产业部等 15 个部委共同编制的《中国射频识别（RFID）技术政策白皮书》正式发表。白皮书研究分析了国内和国际 RFID

技术发展现状与趋势,提出了中国的 RFID 技术战略、中国 RFID 技术发展及优先应用领域、推进产业化战略以推动 RFID 技术在中国的发展。在国内,RFID 技术也于 2006 年开始进入图书馆。厦门集美大学诚毅学院图书馆作为国内第一家使用 RFID 馆藏管理系统的图书馆,于 2006 年 2 月 20 日正式对外开放。深圳市图书馆于 2006 年 7 月在馆内全面使用 RFID 技术替代传统的条码技术,建成完整的全自动 RFID 图书管理系统。中国国家图书馆二期工程规划的 RFID 应用系统,于 2008 年 9 月对外开放。该系统及时向读者展示国家图书馆二期新馆的当前架位信息,实现读者自助借还图书。还有杭州市图书馆、厦门市少年儿童图书馆,上海市长宁区图书馆、北京石油汕头大学新馆等也已经率先实施或使用 RFID 系统。上海政法大学图书馆、南京图书馆等也都正在考察或陆续上马该系统。目前,使用 RFID 的图书馆标签大都采用高频无源标签,而超高频无源标签大部分用于物流等行业,在图书馆应用不多,仅在北京石油化工学院图书馆、浙江省图书馆等有所应用。

　　本节建立超高频 RFID 在图书流通领域的应用模型,并设计实现应用系统,将 RFID 技术应用于图书流通管理,以帮助图书馆实现读者自助借阅、24 小时读者自助还书、快速馆藏资料清点、图书自动顺架以及安全防盗等功能。

3. 图书馆 RFID 系统的技术及特色

　　图书馆采用近距式的 RFID 图书标签。因为一个读者可能会借多本书,一本一本地进行接触刷卡,由于 RFID 标签位置(接触型的 RFID 标签是规则尺寸)的不同,造成效率降低。采用近距式(非接触式)就可以一次把不同书不同位置的 RFID 标签和多个标签都刷出来,效率很高。一般情况下,读者卡和图书的非接触式的 RFID 是不同性质的,读者卡只有基本信息,借阅等都在远端的服务器上,“操作—显示—确认”容易实现,所以提高效率是图书馆应用的主要要求。而第二代身份证或者公交卡,都不能在公开场所进行“操作—显示—确认”的模式,所以效率低一点的近旁式的 RFID 就更适合了。因此,应根据不同的需要,选取不同特点的RFID 标签。

　　在使用了 RFID 系统的图书馆中,利用自助借还或者人工辅助借还,由读取条码方式转变成近距读取 RFID 的方式,可以简化借还书作业,提高借还操作的效率。由于可以同时读取多本书的 RFID 标签,对于借还多册的操作效率的提高非常明显。在使用了 RFID 系统的图书馆中,利用手持设备,可以使得开架书的顺序整理变得简单。传统的图书馆完全靠人工来完成乱架与错架书整理工作,使用手持设备以后,对于 RFID 标签的图书整理可以按照预先的设定,找到乱架的书(读者顺手放置错),错架的书(读者有意放置到别的书架方便自己使用的),并再次顺序排放,满足理架的管理要求。

　　在使用了 RFID 系统的图书馆中,利用手持设备,可以帮助图书管理员快速寻找到指定的图书。传统的图书馆利用 OPAC(联机公共目录查询系统)查找书已经很方便,但是到实体架取书比较困难,这有两个原因:一个是对于排架规则知识的不了解;另一个是对于多层架的规律不熟悉。如果在 OPAC 上查到书,并输入到手持设备,到大体的那个库架前,不用蹲或者爬梯,利用手持设备顺扫,听到声音时,指定的那本书就可以很快地获取了。在使用了 RFID 系统的图书馆中,利用手持设备,可以快速寻找到指定的图书。

4．图书馆业务管理

（1）物流和数据流的变化

每一本书，每一张光盘，都有一个 RFID 标签，编目时在贴条码流程中利用自动贴标签设备贴 RFID 标签。由于现在很多图书馆的业务实行外包，这部分的工作量对于传统图书馆业务管理的变化不大。图书馆需要决定，是否采用条码进行财产管理，采用 RFID 标签进行业务管理？如果决定只使用 RFID 标签，那么图书馆财务管理系统的同步改造就必须进行；如果采用双标签，那么图书馆只需对自动化系统进行改造。因为在理论上可以证明条码的保存时间长于 RFID 标签，所以在有保存条形码需求的时候，不宜只采用 RFID 标签。

图书馆需要规范，这个 RFID 标签内容需要写入什么和不同的书同时进行标签处理时的位置差异。因为标签位置的重合，相邻书过薄等因素，都会影响手持设备的检测准确率。

（2）流通管理人员工作流程的改变

在图书馆上架流程中，需要利用手持设备把采用 RFID 标签的书放置在对应的库架上，并把定位数据传给计算机系统，便于今后手持设备的管理，这对于流通环节是增加的工作量。同时，利用手持设备进行排架、理架、找书也是流通管理人员工作流程中改变的地方。图书馆需要决定，是只有书上采用 RFID 标签，还是库架也采用 RFID 标签来缩减范围。由于手持设备的无线电天线会受钢制书架、相邻书标签位不合适等的影响，造成点数、理架的误差，缩小库架的区域（每个区域 30～50 本），这个部分进入计算机库架系统，可以在这个小的区域中重复，并提高寻找速度。利用手持设备以后，图书馆还要加强对于流通管理人员的技术培训和加强责任心的教育，不能完全相信技术，必须要提高人员素质和管理意识，以弥补技术装备的缺陷。

（3）图书防盗安全措施

由于使用不同公司的 RFID 设备，会造成原来图书馆利用永磁或者可充磁防盗措施的变化。如果已经使用可充磁防盗措施的图书馆，只需要解决借还过程的消充磁同步就可以了，而使用永磁防盗措施的图书馆，需要与 RFID 设备厂商协商改进。下面将介绍其解决方法。

图书馆需要决定，是否只采用 RFID 进行防盗？当一个有 RFID 标签的书被正常借出时，对应的一个标记位状态会改变，通过 RFID 门时，会根据这个变化决定报警与不报警。所以，利用 RFID 也是有一定的防盗功能的。只是由于无线电容易被遮挡，或者 RFID 标签比较大，容易被撕毁，或者通过 RFID 门的速度过快等因素会造成漏检或者错检。

5．子系统设计方案

（1）RFID 标签转换子系统

RFID 标签转换子系统主要完成对图书 RFID 标签的注册、转换、注销功能。RFID 标签通过转换，与图书信息进行绑定，完成流通前的处理操作。系统还有对架标标签、层标标签的注册与注销功能。RFID 标签转换子系统支持 SIP2 协议，实现系统无缝连接，兼容图书条形码系统，同时支持图书查询、读者查询、注册统计与日志查询，可根据用户需要，将图书借还、读者管理、典藏管理、查询等功能安装在标签发行终端上，实现上述功能。

RFID 标签转换子系统硬件包括标签发行终端和标签转换终端装置。其中标签发行终端用于安装 RFID 标签转换系统软件，控制对图书、架标、层标标签进行数据读取与写入，实现图书 RFID 标签与条形码等其他信息的绑定。通过绑定实现对图书详细信息的访问。

由于采用超高频 RFID 标签,所以图书标签可以制作成线性结构的外形,具有隐蔽性高、不易发现的特点,标签双面敷胶,安装在图书内页夹缝中,不易摸索和弯折,使标签得到很好的保护,延长标签的使用寿命。标签转换装置必须符合 ISO 18000 - 6C 标准,工作频率为 920～925 MHz,至少可有效识读 8 个 RFID 标签/次/秒(图书厚度为 25 mm)的可靠读取、识别和改写,具备 RS 232 和 10 Mb/s 以太网接口,具备 RS 232 和 10 Mb/s 以太网接口,为标签转换装置与计算机的连接提供多种选择,方便设备的接入。

(2) 馆员工作站子系统

馆员工作站实现图书流通工作站、标签转换和图书检索工作站三部分功能。图书流通工作站实现对粘贴有 RFID 标签或贴有条形码的图书进行快速的借还和续借操作,提高工作人员日常图书借还操作的工作效率;标签转换实现对图书标签、借书卡标签、架标和层标标签的信息读写,可将图书条形码、接触式 IC 卡借书卡、条形码借书卡的条形码进行识别转换后写入 RFID 标签中;图书检索工作站实现图书信息的检索与定位。

(3) 自助借还子系统

自助借还子系统是图书馆 RFID 系统的点睛之笔,是 RFID 技术在图书馆应用的最大体现。自助借还系统结合无线射频识别、计算机、网络、软件以及触摸屏控制操作技术,通过安装在控制主机上的自助借还软件及 SIP2 接口服务,实现对安装有 RFID 标签的多本图书同时进行借还、续借功能,是 RFID 图书智能管理系统中最重要的设备之一。具有识别速度快、借还效率高、设备安装维护方便等特点。自助借还系统可直接安装在标签转换终端、馆员工作站终端、监控终端、查询系统终端及查询终端、推车式盘点设备上,实现图书借还、续借功能。图 6-6 所示为图书自助借还子系统的功能结构。

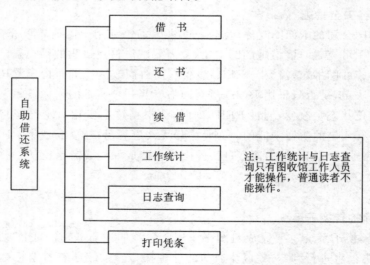

图 6-6　图书自助借还子系统功能结构

(4) 自助还书子系统

自助还书子系统又称 24 h 还书系统,结合了 RFID、计算机、网络、软件以及触摸屏控制操作技术,实现对安装有 RFID 标签的图书进行全天候 24 h 的自助归还、续借功能。图 6-7 所示为自助还书子系统的功能结构。

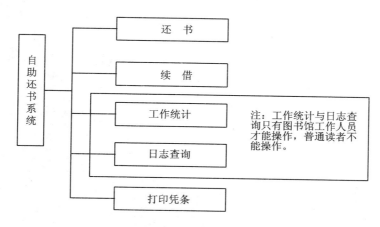

图 6-7　自助还书子系统功能结构

（5）图书盘点子系统

图书盘点子系统又称为移动式馆员工作站，以图书标签为流通管理介质，以单面单联书架的一层作为基本的管理单元，通过架标与层标，构筑基于数字化的智能图书馆环境，从而实现图书馆新书入藏、架位变更、层位变更、图书剔除和文献清点等工作，实现典藏的图形化、精确化、实时化和高效率。

（6）图书安全监测子系统

图书安全监测子系统对借阅图书进行合法性监测，当发现没有办理借阅手续的图书时，自动进行声光报警。系统可配置书（书包）自动传输装置，将人与书（书包）分过，实现对书包的近距离监测，保证系统的高侦测性和零误报率。安全门禁系统分为离线模式与非离线模式。离线模式即通过图书标签的 EAS 防盗位进行报警；非离线模式则通过读取到的图书标签，对图书管理系统中获取的图书借阅状态进行报警。

离线与非离线两种门禁工作模式的比较如下：

离线模式的安全门禁系统如图 6-8 所示，安全门禁中的模块上电后开始工作，当获取到非法的图书标签时，门禁报警，并将标签数据发送到服务器；服务器获取图书信息与借阅状态，并形成报警信息，然后再将报警信息发送给各个客户端。

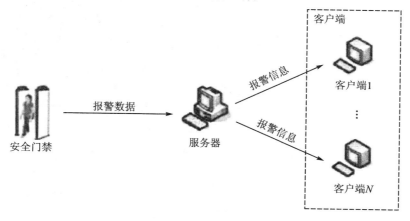

图 6-8　离线模式的安全门禁系统

　　非离线模式的安全门禁系统如图 6-9 所示,安全门禁模块上电后,服务器发送"开启"命令,启动门禁工作;当模块获取到标签数据后,直接发送给服务器,服务器获取图书信息与状态,判断是否为非法图书标签:若图书标签非法,则门禁发送报警信号,让模块报警,同时发送报警信息给各个客户端;若标签合法,则不作处理。

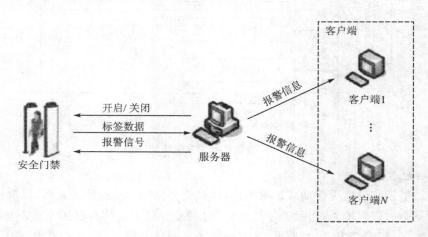

图 6-9　非离线模式的安全门禁系统

　　本文采用离线模式进行图书安全监测。图 6-10 所示为图书安全监测子系统的功能结构。

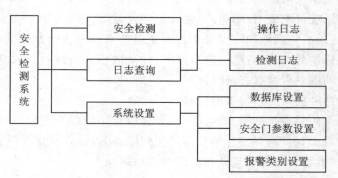

图 6-10　图书安全监测子系统功能结构

(7) RFID 监控中心子系统

　　RFID 监控中心子系统用于实时监控图书馆所有已经安装的 RFID 设备的工作状态,并可实现实时远程设备诊断和控制,并记录报警日志控制 RFID 设备的运行;同时通过连接现场摄像头,实时监控现场情况。摄像监控功能可依靠图书馆视频监控系统实施。同时提供 RFID 图书智能管理系统数据的维护、盘点工作管理、组织机构管理、数据库的备份与还原管理等。RFID 监控中心子系统是整个 RFID 图书智能管理系统的数据基础,对于整个系统的数据安全性、有效性和完备性起着至关重要的作用。因此,RFID 监控中心子系统中所有牵涉数据的添加、修改和删除的操作,都要进行详细的日志记录。其中,数据维护包括对图书状态、图书类型、设备类型、设备状态类型和 RFID 子系统类型的维护和管理;组织机构管理包括对用户管理、部门管理与权限进行管理;用户管理包括新建用户、修改用户与删除用户。图 6-11 所示为监控中心子系统的主要功能结构。

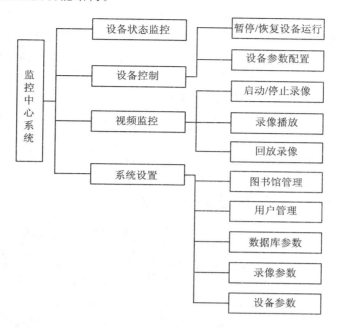

图 6 - 11　监控中心子系统主要功能结构

RFID 系统需要不断调试、改进与拓展。

（1）需要双安全措施又不选择可充磁流程的 RFID 系统的改进

目前,不同的 RFID 系统提供商,采取了不同的防盗安全策略。但是,对于传统图书馆已经采用永磁防盗措施的,使用 RFID 系统感到为难:要么只使用 RFID 芯片内的借阅位判断;要么使用可充磁磁条技术。实际上,永磁磁条技术和 RFID 系统通过改造是可以合一的。永磁门的工作原理是遇到永磁磁条就报警。传统的图书馆借阅完成后,人通过永磁门,而书通过柜台。实际上可以当人和书同时通过 RFID 门的时候,由判断芯片内的阅读位来决定永磁门是否报警就可以了,即借阅位是借出状态时,关闭永磁门的报警。所以,这个改造是很简单的,只要图书馆提出来,RFID 系统厂商就可以帮助进行改造。

（2）需要重视超高频频段的 RFID

由于 RFID 标签的天线尺寸是由 λ/n 决定的(λ 是发射频率的波长),频率越低,λ 值越大,当 n 一定时,超高频的天线就比中频时的天线小很多。这就是超高频 RFID 标签的上升势头非常高的原因之一。天线小,就意味着以后标签的造价低。如果把 IC 和永磁磁条(当天线)合并在一起,构成 RFID 标签,那么面积小,使其被订在脊书中成为可能。在 RFID 标签的寿命中,IC 的寿命是由重复写的次数决定的,而天线的寿命是由天线制作的方式、材料等决定的。永磁材料非常稳定,做成的天线的寿命就会比磁性油墨印制的天线的寿命要长。而永磁磁条中间打断安装芯片,不影响永磁的特性。这样的磁条放置在书脊中隐蔽性也比 13.56 MHz 的要好很多。另外一个优势,就是在传统图书馆中,对于借还的统计是非常准确的,但对于开架图书馆的阅览部分确无法统计。但是,在阅览室中布置超高频的天线,可以检测出贴有超高频 RFID 标签的书被移动的情况,那么这个统计就成为可能。所以,图书馆要重视超高频或者 2.45 GHz 的 RFID 的发展趋势,这些新的标准的制定,也是在为超高频被广泛使用而奠定基础。

（3）RFID标签技术与数字图书馆的耦合研究

对于有物理馆藏和数字馆藏的图书馆,如何利用数字图书馆系统妥善地进行网上馆际互借,利用RFID技术完成物流的过程、完成电子复本和物理复本的动态管理与处理等,都是图书馆可以充分研究并发挥RFID作用的方面。

（4）逐步驱动出版印刷行业使用RFID技术

微波RFID标签在未来价格推测中,将可能降低到1美分以下,到那个时候可能出版业也将大量使用RFID标签。图书馆今天选择的标签技术要尽可能地考虑与未来的印刷行业使用RFID技术在系统上复用的概率最高。标签识读头可以并行加入。

6.4 RFID技术在仓库管理中的应用

仓库管理系统的现状对于仓储管理来说,目前的仓储管理系统仍在大量地使用条形码来收集数据,虽然也可以达到采集数据、动态掌握的目的,但还是受到收集信息量偏少、易受干扰、不可重写、读取距离短、读取烦琐等限制。而对于RFID来说,因为标签具有读写与方向无关、不易损坏、远距离读取、多物品同时一起读取等特点,所以可以大大提高对出入库产品信息的记录采集速度和准确性,即降低库存盘点时的人为失误率,提高库存盘点的速度和准确性。一些学者提出了一种基于RFID的仓储管理系统以改进现有的仓储管理系统。该系统主要通过以下功能来优化仓储管理系统:

1）提高货品查询的准确性。

2）改善盘点作业的质量。

3）减低库存管理的成本。

4）加快货品出入库的速度,从而增大库存中心的吞吐量。

1. 基于RFID仓储管理系统的物理构架

该系统主要应用仓库管理系统中的入库、出库、盘点等流程,具体的物理构架如图6-12所示。系统包括了移动读卡器、固定读卡器和无线路由器等设备,固定读卡器主要用于入库和出库,而移动读卡器用于盘点流程。

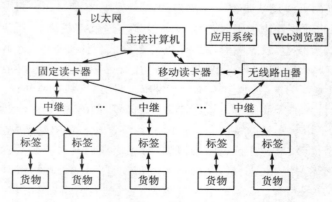

图6-12 基于RFID仓库管理系统的物理构架

2. 流程分析

（1）入　库

在仓储管理系统中使用 RFID 技术首先需要明确,仓库中的所有保存物品必须粘贴 RFID 标签,这是 RFID 仓储管理系统的根本。就目前而言,基于 RFID 技术的物流体系的应用尚未完全建立起来,因此在考虑 RFID 技术在仓储管理系统中应用时,必须考虑商品上粘贴的标签来源问题。也就是说,商品在进入仓库之前必须有 RFID 标签。进入仓库的商品的主要来源是指制造企业生产入库和采购入库。对于企业生产入库的商品 RFID 标签的粘贴工作应该在产品生产的过程中完成;而对于采购入库的商品而言,如果入库之前没有标签,则必须在入库时粘贴标签。本文中假定所有将要进入仓库的产品都已经粘贴好 RFID 标签。

入库管理中主要解决的是以下两个问题:一是入库商品信息的正确获取,即信息采集;二是确定入库后商品的实际存储位置。在入库管理中使用 RFID 技术的主要目标是减少商品入库过程所消耗的时间,以及入库过程中的准确性。商品入库具体流程如图 6-13 所示,即要完成以下步骤:

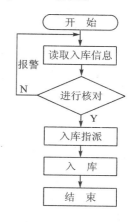

图 6-13　商品入库的具体流程

1）供应商先把商品信息发至仓库管理系统。

2）货品放在托盘上,RFID 天线读取数据。

3）将读到的数据与数据库进行比较,无误差或者误差在规定范围内,则将入库信息转换成库存信息;若出现错误,则输出错误提示,交工作人员解决。

在入库管理中使用 RFID 技术加快了商品的入库速度,信息采集更充分、准确,减少了仓库人员的劳动强度。

（2）出　库

出库管理主要解决以下三个问题:一是待出库产品的选择,即拣货;二是正确获取出库商品的信息,即信息采集;三是确保商品装载到正确的运输工具上。

在出库管理中使用 RFID 技术的主要目标是提高商品出库效率和装载的准确性。仓储管理系统（WMS）按照拣选方案安排订单拣选任务,拣选人扫描货物的 RFID 标签和货位的条码,确认拣选正确,将货物的存货状态转换成待出库。货物出库时,通过出库口通道处的 RFID 读卡机,货物信息转入仓储管理系统并与订单进行对比,若无误,则顺利出库,库存量变少;若出现错误,则由仓储管理系统输出错误提示。将货物装载区域统一地纳入定位系统管理的范围,当商品抵达该区域时即视为装载到了该区域停靠的车辆上,这样就确保了转载的可靠性。出库管理中使用 RFID 技术除了具有和入库管理中一样的优点外,还可以保证装载的准确性。

（3）库内管理

系统中主要将 RFID 技术应用于库内盘点。盘点的作用是保证库存实物与信息系统中逻辑记录的一致性。盘点多采用手工的方式进行,使用条码技术时,盘点多采用人工统计件数的方式进行。使用 RFID 技术,仓库管理员接到盘点指令后携带手持单元进入库区时,主控系统将记录执行此次盘点任务的手持设备已经进入库区;依次遍历全部货位并将所收集到的全部货品信息通过无线网络实时地传送给主控计算机;遍历完全部货位并携带手持设备出库时,主控系统将记录执行此次盘点任务的手持设备已经离开库区,将发送过来的全部货品信息与主控计算机的盘点单中的全部货品内容互相比对,并将盘点结果告知仓库管理员。采用 RFID技术的库内管理可以降低人工劳动强度,提高盘点效率。

3. 基于 RFID 仓储管理系统的构架

基于 RFID 的仓储管理系统和原来的系统改变在于入库管理、出库管理和库内管理。基于 RFID 技术的仓储管理系统的构架如图 6-14 所示。仓储管理系统各个模块需要使用 RFID 中间件才能够对 RFID 标签进行各种操作。从效益评估可以看到,采用了 RFID 技术的仓储管理系统有很多好处,如节省人工成本,降低工作强度,提高数据采集准确性,增加仓库吞吐量,提高出入库运作效率等。但以上也只是对采用了 RFID 技术的一种预测和猜想,而实际效果如何不得而知。我们可以通过仿真软件进行模拟实验以验证 RFID 技术的优势。通过仿真软件,可以在不增加设备的情况下模拟出采用了某些 RFID 设备后所带来的改变,由此降低成本。

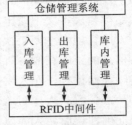

图 6-14　基于 RFID 的
仓储管理系统构架

采用 Flexsim 仿真软件可构建出仓储中心的仿真运行模式,如图 6-15 所示。

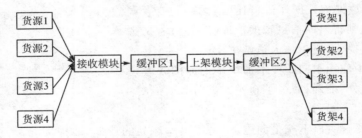

图 6-15　仓储中心仿真运行模式

为了有效地进行仿真,先假定了一些条件:RFID 系统的读取率是 100%;所有设备不发生任何故障;暂存区和检货区的容量无穷大和进货通知时间为提早 3 天等一系列简化仓储中心的设定。本仿真评价的主要指标是:平均库存量、空间使用率、入库工作效率和检验作业工作效率。人们对采用了 RFID 模式的仓储中心进行了多次仿真,并与传统模式进行了对比,其结果如表 6-1 所列。

表 6-1　RFID 模式与传统模式的对比

	传统模式	RFID 模式
平均库存量	97 415.73	83 348.33
空间使用率	0.662 8	0.539
出入库作业工作效率	0.742 89	0.018 65
检验作业工作效率	0.748 44	0.117 8

可以看到,采用了 RFID 技术的仓储中心的工作效率得到了提高,例如平均库存量的降低是因为 RFID 系统能精确、实时地掌握商品的动向,进而降低库存水准,使得商品的平均库存量能够降低 14％左右,其他的一些指标也有所改进。

尽管 RFID 技术能提高现行的仓库管理系统的工作效率,但是目前还有不少问题制约着 RFID 技术的推广,如 RFID 标签价格过高,RFID 技术的标准不统一和 RFID 的辐射问题等。但是相信随着科技和经济的发展,这些问题会得到解决。RFID 技术将会有广阔的发展前景。

6.5　RFID 技术在医药方面的应用

1. RFID 技术在医药物流中的应用意义

我国的医药物流发展尚处于起步阶段。我国医药物流存在的问题较多,影响着药品质量的管理及监管,为安全用药带来隐患。药品批发企业多而小,储存、运输中药品质量难以保证。

目前,全国有 1.2 万家左右的医药生产及批发企业中,年销售不足 1000 万元的小规模企业占了 78.5％以上。由于物流量小,多数药品采取邮寄、铁路托运方式,因此周期长,运输环境、条件差,药品损坏、变质、污染严重。一项研究数据表明,流通企业中不合格药品中17.03％是在药品运输、搬运过程中造成的。由于批发企业过多,药品流通渠道复杂,假冒、异地调货现象频发,药品监管困难,销售假冒伪劣药品的案例时有发生,严重影响了药品的安全使用。

药品缺乏统一标准编码、物流信息系统严重滞后,影响药品质量监管。我国目前药品编码尚未实现标准化,医药生产企业、商业批发企业生产、销售的药品没有一个合法的唯一的识别标志,各个领域分别制定了自己的物流编码,其结果是不同领域之间信息不能传递,妨碍了系统物流管理的有效实施,造成信息处理和流通效率低下。没有统一的标识编码,无法及时查询与跟踪商品的流向,无法尽快确定某一药品的身份。在一些药店,医院经常碰到的是买真退假,为假药、劣药的查处带来了极大的困难,更无法满足在订单处理、药品效期管理、货物按批号跟踪等现代质量管理的要求,也为药品质量监管带来了巨大的困难。

自动化程度低,人工操作,差错率高。目前我国医药企业所采用的基本上是分散型物流体系,在运作上主要依靠人力。我国目前药品中大包装的差异往往造成很多新建的现代物流中心在入库和出库的时候还需要转换药品包装,增加了物流的劳动力成本,降低了现代物流的效率。同时人工搬运,造成货物摔碎、挤压的概率增大,人工拣选、分拣的差错率高,信息化、自动化程度低。

2. 医药产品识别编码技术与 EPC 应用

产品编码标准是非常基础性的工作,尤其对医药产品生产和物流具有十分重要的意义,但具体实施需要权威性和经济实力。世界发达国家多年来投入大量人力和物力,努力进行医学信息标准化的工作,取得了令人瞩目的成绩。有许多标准已经被广泛应用,值得我们借鉴。如国家药品编码(national drug codes,NDC)即是其中的优秀代表。NDC 是被美国联邦药品管理署要求使用的标准药品编码,它包括了药品的许多信息的细节,包括包装要求等。

从医药产品物流本身的需求和国家对药品管理的要求来讲,首先必须选择一种先进和科学的编码体系对医药产品进行编码。EPC(electronic product code)建立在全球统一标识系统

（EAN．UCC）条形编码的基础之上，并对该编码系统做了一些扩充，以实现对单品进行标识。EPC 系统就是电子产品编码系统。它不但能对产品进行编码，最关键的是能和 RFID 结合使用。它被认为是唯一能识别所有物理对象的有效方式。这些对象包含贸易产品，产品包装和物流单元等体系。虽然 EPC 编码本身包含有限的识别信息，但它有对应的后台数据库作为支持，将 EPC 编码对应的产品信息存储在数据库里，能迅速查询所需要的信息。

3．RFID 技术在医药物流上的具体应用

对目前大部分医药企业已应用的 ERP（企业资源规划）和 SCM（供应链管理）系统来说，RFID 技术是一种革命性的突破。它的精确化管理将触角伸到了企业经营活动的每一个环节，使生产、存储、运输、分销、零售等各方面的管理都将变得过去无法想象的便利。过去的物料编号无法实现对单一部件的跟踪。由于采用 EPC 编码的 RFID 标签的数量可超过 2^{96}，因此可以将世界上所有的商品每一个都以唯一的代码表示。RFID 技术将彻底抛弃条形码技术的局限性，使所有的产品都可以享受独一无二的编码。

RFID 技术可用于医药产品的生产和流通过程，其具体操作方法为：首先在厂家、批发商、零售商之间可以使用唯一的产品编码来标识医药产品的身份。生产过程中在每样医药产品上贴上 RFID 标签，标签记载唯一的产品编码，产品编码在生产该批产品前已确定。在生产完成后再向标签写入该批产品的批号，完成医药产品的完整电子编码号，以作为在今后流通、销售和回收的唯一编码。物流商、批发商、零售商用生产厂家提供的读卡器就可以严格检验产品的合法性。这样，通过 RFID 技术建立对药品从生产商至药房的全程中的跟踪能力来增进消费者所获得的药物的安全性，可以有效杜绝假冒伪劣药品所带来的危害，还可以防止过期药品流入市场。同样，在药品供应链管理方面，采用 RFID 技术，在每样产品上装入 RFID 标签，记载唯一的产品编码，将解决许多生产环节和销售方面的问题。医药产品生产者可以准确地掌握产品现状，提高生产效率，减少人力成本，缩短产品质量的检验时间，实时监控产品制造过程的所有情况，快速应对市场，减少过期产品的数量损失。使用 RFID 技术后，还能提高配送分拣等作业的效率，降低差错，降低配送成本。

4．RFID 技术在医药物流应用中的改进

（1）建立基于 RFID 技术的国家药品安全监控管理中心

促进和完善 RFID 技术在药品安全管理领域的应用、研发核心技术（自主 RFID 设计、天线设计、编码技术等），集中攻关，务期必克，形成拥有自主知识产权的医药产品生产物流等方面管理的全面解决方案，国家从政策和财政上加大支持力度，促进各种相关技术及产品的研发和生产。尤其加强教育和科研领域的投入。

（2）建成一个基于具有自主知识产权的全国药品生产流通安全追溯管理服务平台

通过 RFID 和网络技术对医药产品的生产、流通、消费等环节进行信息采集，实现全程监控。同时建立管理服务平台，实现用户对药品信息的追溯和查询。建立"国家—省（市）—地区"三级药品安全管理体系。作为国家电子政务平台的重要组成部分，为国家医药产品的生产、流通以及宏观经济调控提供决策服务。

6.6　RFID 在冷链物流中的应用

6.6.1　现状需求分析

冷链泛指冷藏、冷冻类食品在其生产、贮藏运输、销售到消费前的各个环节中始终处于规定的低温环境下,以保证食品质量,减少食品损耗的一项系统工程。它是随着科学技术的进步、制冷技术的发展而建立起来的,是以冷冻工艺学为基础、以制冷技术为手段的低温物流过程。中国农产品冷链物流业的快速发展,国家必须尽早制定和实施科学、有效的宏观政策。冷链物流的要求比较高,相应的管理和资金方面的投入也比普通的常温物流要大。近几年以来,有多家上市公司或零售业龙头紧抓政策机遇,积极布局冷链物流这一蓝海市场,抢占生鲜冷链物流市场空白。海博股份今年 3 月份收购“菜管家”后,借助其电商优势,向食品冷链物流进军;电商巨头京东与东航的战略合作,是优质资源与物流运输上的优势叠加,构建了一个全球农业跨境供应链服务平台,为京东在生鲜领域的发展提供一个有利的催化剂。越来越多的上市公司开始布局冷链物流,显示这一行业景气度正在快速提升。

所谓冷链物流泛指温度敏感性产品在生产、贮藏运输、销售,到消费前的各个环节中,始终处于规定的低温环境下,以保证物品质量,减少物流损耗的一项系统工程,主要应用于食品及药品行业。

随着人们对食品新鲜度、营养价值和食品安全方面的要求也逐渐提高,冷链物流的需求量也在不断地增加,与此同时,冷链物流的质量问题也逐渐凸显出来。统计显示:目前中国 80%的生鲜食品还是采用常温物流的形式,粮食产后流通损失占总产量的 12%~15%,果蔬损失率达 25%~32%,蛋腐蚀率达 5%,肉干耗变质达 3%,因此而导致的直接经济损失每年约有750 亿元。近年来,食品和饲料的异地生产、销售形式为食源性疾病的传播流行创造了条件,食源性疾病的发病率逐渐增高,使得解决食品安全问题更为紧迫和重要。而低温冷藏能使食品原有的风味、色泽、营养保持得更好,食用的安全性更高。国内近几年提出的冷链物流概念一般泛指的是温度敏感性产品在生产、贮藏运输、销售,到消费前的各个环节中,始终处于规定的低温环境下,以保证物品质量,减少物流损耗的一项系统工程。它是随着物流技术,制冷技术的发展而建立起来的,是以冷冻工艺学为基础、以制冷技术为手段的低温物流过程。冷链由冷冻加工、冷冻贮藏、冷藏运输及配送、冷冻销售四个方面构成。需要进行冷链运输的食品一般有冷饮品、乳制品、肉制品、药品、疫苗等。其中多数的乳制品需要全程处于低温冷链中方能保证质量,乳品的全程配送和销售时的保存温度规定为 0~10℃;商场或超市冷藏库、冷风柜温度应控制在 2~6℃左右。而多数的医用血液、生物制剂和药品因为所含有的蛋白质的不稳定性,使得生物药品易受环境的温度变化影响,导致药品和血液、疫苗变质,所以更需要严格的温度控制。因此提出了冷链实时监测管理系统,用来实时监测冷链过程,确保物流的冷链安全。

据中国产业调研网发布的《2015 年版中国冷链物流行业发展现状调研及投资前景分析报告》显示,从行业发展空间来看,有数据显示,2013 年,中国食品潜在冷链物流总额已经达到32 505 亿元。2014 年冷链物流产业同比将保持 20%左右的增长。当前中国综合冷链流通率仅为 19%,而美国、日本等发达国家的冷链流通率达到 85%以上。伴随消费模式升级、新型城镇化建设的推进，作为物流行业中进入壁垒较高，且市场空间巨大的一个领域，冷链物流成为电商、物流企业抢占的高地。中国迎来冷链加速发展阶段。美国和日本冷链发展经验表明，当一国城市化率超过 55% 后，冷链开始加速，主要是城市人口消费升级需求和城市化规模效应可以支撑高成本的冷链物流。2014 年中国城市化率达到 54.77%，临近冷链加速发展临界点 55%，冷链物流行业有望保持 25% 左右的年增长，制冷设备年均市场规模在 85～126 亿元。

近年来，随着人民生活水平和健康需求的不断提高，全社会对食品药品的安全意识明显增强，进而带动了整个冷链产业的不断发展。目前冷链的应用范围包括：初级农产品（蔬菜、水果，肉、禽、蛋、水产品，花卉产品）；加工食品（速冻食品，禽、肉、水产等包装熟食，冰淇淋和奶制品，快餐原料）；特殊商品（药品），涉及从生产加工、存储、运输配送到销售的所有环节。而在这些过程中，温度控制具有十分关键的作用。

首先，冷链物流是确保农产品消费安全和体验的重要环节。生鲜农产品要求全程运输、交接和储存始终在冷链环境下，才能保证安全、新鲜度以及营养度。专家指出，控制易腐食品安全就要控制微生物生长速度，关键是控制温度，温度每升高 6℃，细菌生长速度就会翻一倍，产品货架期缩短一半。

其次，对于食品而言，其在加工、运输和储藏过程中的温湿度监控是一个非常重要的应用领域。其特点就是对温度变化特别敏感，容易引起变质。因此，全程处于低温冷链中才能保证质量。比如，乳品的全程配送和销售时的保存温度规定为 0～10℃；商场或超市冷藏库、冷风柜温度应控制在 2～6℃ 左右。

除食品之外，多数医用血液、生物制剂和药品因为所含蛋白质易受环境温度变化的影响而导致变质，需要更严格的温度控制。具体的药品温控条件可分成四类：

1）冷藏药品，温度要求是 2～10℃。

2）冷却药品，温度要求为 8～15℃。

3）冷冻药品，温度要求在 -10～-25℃（为疫苗通常要求的温度）。

4）深度冷冻药品，对温度的要求是 -70℃。

据了解，目前国内还没有覆盖整个产业链的监控系统，冷链监控主要集中于对冷藏运输车及冷库的监控，这固然能起到一定的效果，然而冷链实际上是一个从生产者的仓库到消费者手中一系列环节的整体，其中任何一个环节出了问题，都有可能影响到最终产品的质量。

针对上述冷链监控存在的不足，提出了一种冷链实时监测管理系统。冷链实时监测管理系统是一套专业应用于冷链使用单位，实现用户单位内设备温湿度管理，数据分析及报警平台。目前冷库、医院普遍采用了信息化管理系统，大大提高了冷藏设备的安全性。建立了符合实施细则的操作规范，但冷链设备的温度监控系统却尚未得到足够的重视，曾经发生的质量问题触目惊心，冷链设备各个环节的温度监控势在必行。

系统开发目的是为了研制一套冷链实时监测管理系统，采集器将采集的设备数据通过无线网络发送到匹配的中继器，用户服务器端则通过向中继器发送请求指令把中继器获取到的数接收到服务器端。并且用户在客户端可以对接收的数据进行分析处理。当温度超过设定的标准时，系统通过声音报警、短信报警、电话报警三种报警方式提醒用户。超温信息在客户端实现声音报警，信息滚动报警两种方式，在用户端服务器也将同时将超温信息以短信的方式发送到指定的手机报警。通过本系统这座桥梁，实现了与用户的实时数据交互。智能采集模块可以显示实时温度信息。通过冷链监控系统通信协议，可以实现一个单位监控只需一个网络集中器,通过无线连接多个采集终端,单独网络可以连接 254 个采集终端。无线网络具有智能组网、级联传输、智能路由选择、智能路由恢复等功能,打破信号传输距离的局限性。

6.6.2　项目研发内容

通过通信网和互联网的拓展应用和网络延伸,利用感知技术和智能装置对物理世界进行感知识别,通过网络传输互联进行计算、处理和知识挖掘,实现人与物、物与物的信息交互与无缝连接,达到对物理世界实时控制、精确管理和科学决策。通过以上物联网的方法与技术来达到本项目对冷链过程监管的要求;因此本项目以物联网中的技术为依托目标研发一种基于无线射频识别系统、全球导航定位系统(global position system,GPS)、通用分组无线业务(general packer radio service,GPRS)和地理信息系统(geographic information system,GIS)技术的智能化冷链实时监测管理系统。

冷链实时监测管理系统功能:RFID 技术实现对接触人员的身份识别、权限判别等功能;GPS 及 GPRS 系统加上网络平台实现冷链物流运输信息的实时发送与接收、运输保温箱的全程实时监测等功能;GIS 实现可视化监测管理功能;并整合温度监测功能,实现全程实时温度记录,保证冷链运输质量,以达到大幅度提高冷链物品的运输管理安全与效率的目的。

冷链实时监测管理系统具体分为两大部分,一部分是下层冷链保温箱的监测部分;一部分是上层系统的软件管理监测部分,面向用户和管理人员。整个系统的框架如图 6-16 所示,用户和管理人员通过电脑网页或者客户端访问上层服务器对冷链物流的信息进行跟踪查询。保温箱各部分的信息通过下层硬件部分进行实时监测,并通过 GPRS 的方式将所监测的信息实时的发送到上层服务器中,提供给用户和管理者;同时还设有短信报警功能,报警信息除了实

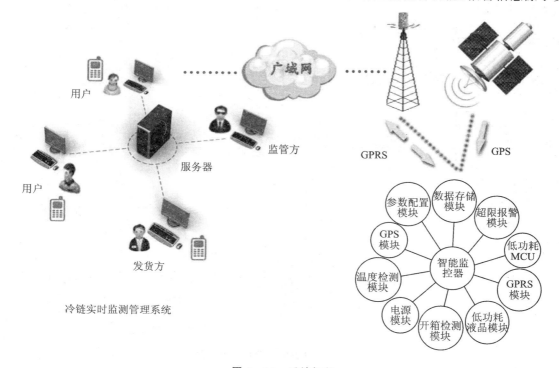

图 6-16　系统框架

时上传到服务器中外,还以短信形式将报警信息传达到对应的用户和管理者手中,让用户和管理者能够实时的了解运输情况及时的处理突发问题,达到冷链物流的安全管理。

6.6.3　冷链系统基础硬件设计

下层保温箱部分,采用了 RFID 射频技术,用来设置用户权限和进行运输管理;用户打卡开始运输,下层启动与上层连接并且实时上传数据;运送至目的地时再次打卡表示运送结束。下层启动后,主要完成对冷链箱温度信息、位置信息、报警信息、电量等信息的监测,其中报警信息包括超温报警和开箱报警;这些信息通过 GPRS 以及短信的形式被上层部分监测。硬件部分以采用意法半导体出品的超低功耗单片机 STM8L 为处理核心;GPS 部分使用的是瑞士 UBLOX GPS 模块;GPRS 部分采用的是 SIMCom SIM900A GPRS 模块;温度传感器采用的是高精度的数字温度传感器。整个硬件的结构如图 6 - 17 所示。

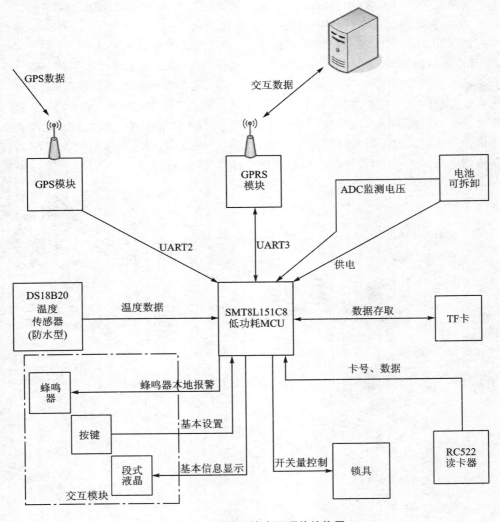

图 6 - 17　冷链系统底层硬件结构图

6.6.4　冷链系统顶层软件设计

上层系统的软件管理监测部分,用户可以使用 WEB 浏览器或者客户端通过 Internet 访问 WWW 服务器,WWW 服务器访问数据库服务器完成用户的数据请求。根据权限的不同,管理者可以对上层软件进行参数设置。

软件架构分为应用服务层、业务应用层、应用逻辑层、数据层;数据层数据由下层的保温箱模块部分提供。应用服务层主要通过客户端和 WEB 网页端为用户提供服务;业务应用层主要是参数设置、温度信息、地图信息、短信功能以及温度与地图的历史数据查询;应用逻辑层主要分为,用户身份验证、角色权限管理、数据传输、数据交换、工作日志等;数据层主要用来存储下层保温箱发来的原始数据。整个软件架构如图 6 - 18 所示。

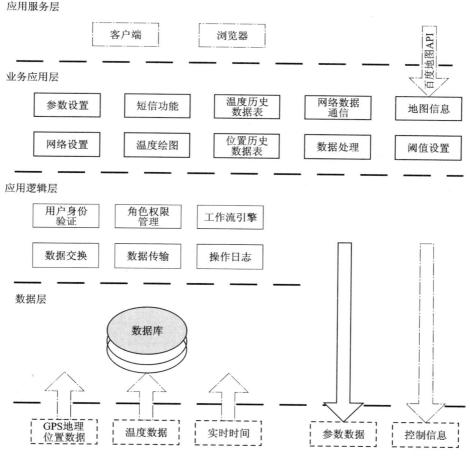

图 6 - 18　冷链系统上层软件架构

软件的功能模块主要有以下几个部分,包括身份认证、发货、监控、查询、设置、收货、承运。用户可见的功能模块有用户权限决定,如管理员拥有最高权限拥有所有功能,发货用户拥有发货、监控和查询功能。发货流程如下,录入信息→反馈服务端→生成货物数据→承运人提货,此时发货人只能看到自己发货的货物,如图 6 - 19 所示。

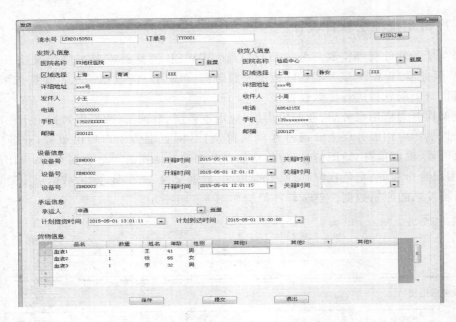

图 6 - 19　发货流程界面

收货流程如下,接收信息→承运人送货→确认收货→反馈服务端,此时收货人只能看到发货人给自己的货物,界面如图 6 - 20 所示。

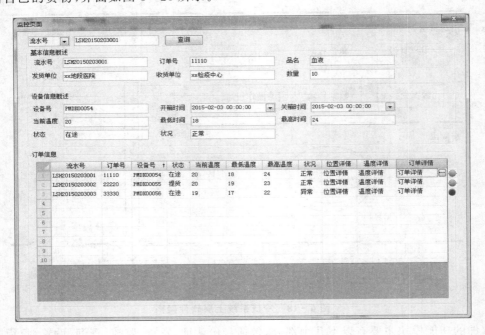

图 6 - 20　收货流程界面

承运流程如下所示,接收承运信息→上门提货→扫描设备号→反馈服务端→送货→到达送货地点→扫描设备号→收货人收货,此时承运人只能看到自己承运的货物。监控功能最高权限者可使用,点击位置详情→温度详情→订单详情可查看具体信息,为异常时会发短信给特定手机通知,界面如图 6 - 21 所示。

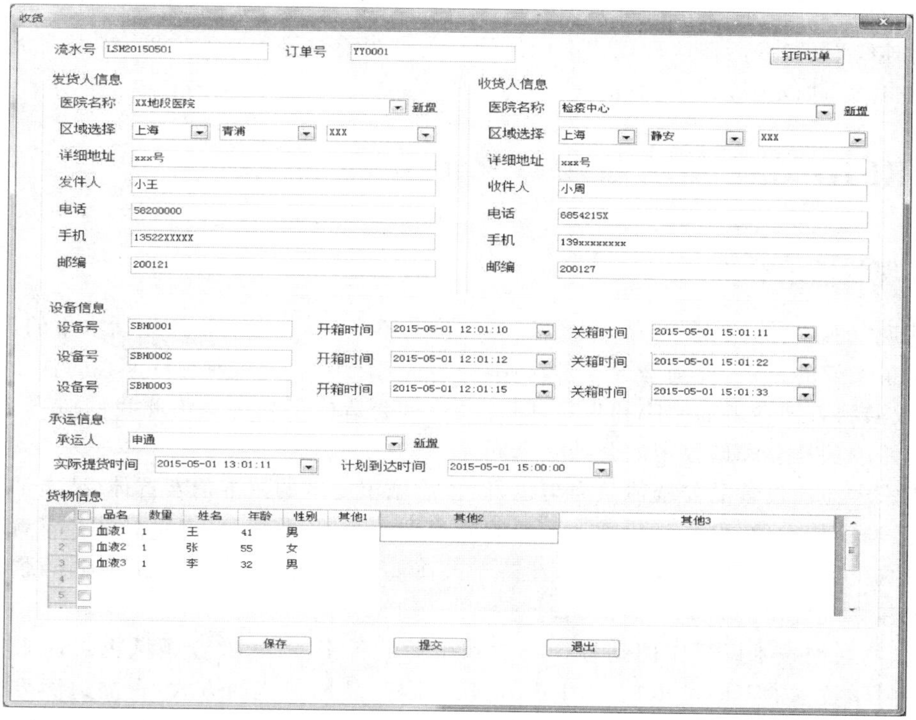

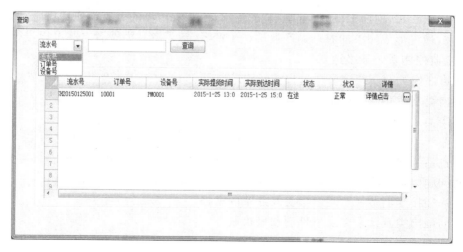

图 6 - 21　承运流程界面

查询功能发货人以及收货人都可以使用,只可查看本单位发货或收货订单情况,点击《详情》可查看具体信息。查询可通过流水号、订单号和设备号来实现,查询到的结果以列表的形式显示,如图 6 - 22 所示。

图 6 - 22　查询界面

其他功能如定位和轨迹功能,点击订单信息的位置详情可查询。地图模式可以选择为定位模式或者轨迹模式。在定位模式下显示货物当前的位置、温度和时间等信息，可以设置地图定位的刷新周期（周期小于下位机数据发送周期）。在轨迹模式下，地图标注货物的历史位置信息并且连线形成轨迹，在这种模式下标注的是货物当前位置和其实位置，每当有新的位置数据到达时自动添加定位点为当前位置。

6.7　RFID 在菜场跟踪溯源中的应用

6.7.1　现状需求分析

俗话说"民以食为天，食以安为先"，随着经济的不断发展，人们物质生活水平的提高，食品安全引起了人们的重视，特别是近年来，中国的消费者经历了一系列触目惊心的食品安全重大事件，不仅威胁着消费者的健康和生命，同时也给社会造成了危害。由此我们应当认识到：食品安全是影响到社会和谐稳定的公共安全问题。

以国家大力建设食品安全体系为契机，以目前城市庞大的持卡消费群体，持卡消费技术支持，网络及通信技术的日益完善，刷卡消费的便利作为基础，在蔬菜、肉食品等经营者和消费者之间形成真正意义上的电子钱包功能，让持卡人在整个菜场内能够自由、畅快进行消费。如石家庄市拟建立现代化的菜场感知系统。

目前，物联网技术广泛应用到各个行业和生活的各个方面，农业领域也将迎来物联网时代。随着科学技术的不断进步，农业生产方式、农副产品加工流通方式、食品追溯方式对变革的诉求将不断加强，在逐步朝着更加人性化、智能化的方向演变，感知菜场项目就是基于这一趋势，采用先进的物联网技术，打造具有时代意义的示范应用工程，具有重要的战略和示范意义。

实施的阶段性和兼容性、技术的先进性和成熟性、信息的安全性和准确性、系统的可靠性和稳定性、系统的标准性与开放性、系统的管理性和维护性、系统的实用性和经济性。

按照"正向跟踪，逆向追溯，提升管理"的要求，建立农产品的批发流通销售、监测全程的自动追溯体系，最终形成完整的农产品产业链在生产者、销售者和消费者之间可以进行追溯的各环节的安全监控体系。最终达到

1）对市区肉类及蔬菜流通全过程实时跟踪监管。

2）对肉类及蔬菜质量检测信息的实时监管。

3）对肉类及蔬菜追溯使用的现场监管考核。

4）对监管单位（经营者）和经营人员信息的监管。

5）通过系统向监管（经营者）和经营人员发布文件、会议通知，在线咨询。

6）对问题肉类及蔬菜的流向追踪及对问题肉类及蔬菜的快速召回。

7）多途径接受消费者对问题肉类及蔬菜的举报。

8）对问题肉类及蔬菜突发事件的预警机制。

9）实现电子结算，可减少交易过程的现金流量，保障市民的财产安全。

6.7.2　菜场跟踪溯源系统设计

菜场跟踪溯源系统的总体框架如图 6-23 所示。

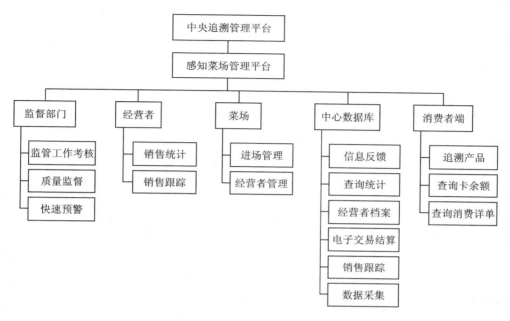

图 6 - 23　菜场跟踪溯源系统的总体框架

其网络拓扑架构如图 6 - 24 所示。

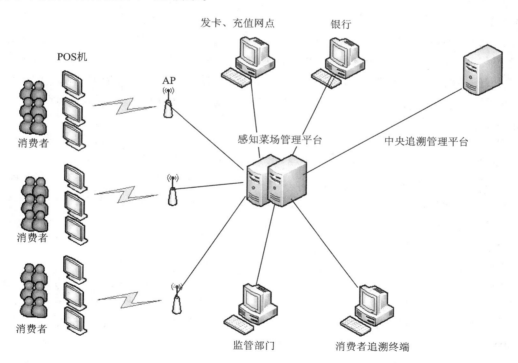

图 6 - 24　网络拓扑架构图

软件数据库管理系统包括：提供大型关系型数据库管理系统，支持 ANSI/ISO SQL 99 标准；支持多平台、开放式系统，应支持各主流厂商的硬件及支持 64 位 UNIX、Linux,Windows

2000/2003/XP 以上等多种主流操作系统平台;支持多语种,如英文、中文、日文、法文等;支持多种拓扑结构,包括客户/服务器、Browser/Server 处理模式、三层(数据库层、应用服务层和客户层)或多层体系结构,并在每一层都支持标准的组件技术;支持主流程序设计语言对数据库开发,具备开放式的客户编程接口,支持通用的数据库开发平台;完善的数据库管理功能和强大的检索功能;支持大数据量的加载;具有多进程机制;具有逻辑内存管理的能力;提供存储过程和触发器功能;支持分布式数据处理,提供分布式操作所需的功能,如:分布式查询、远程调用、事务完整性控制技术等;数据库具有完备的安全技术,如用户管理,角色管理,以及强认证等安全技术;具有强的容错能力、错误恢复能力、错误记录及预警能力,支持闪回技术,能在不影响数据库运行的条件下快速恢复已提交的修改,可以把整个数据库、指定表或指定的记录恢复到指定时间点;支持数据库自动实时跟踪、监控,可自动性能调优,并能为管理员 提供调优建议;支持自动化的内存、空间管理等;具有完备的管理工具来管理各类数据库对象,对系统进行诊断并性能优化;数据库具有离线备份、联机备份机制和数据库恢复机制,具有自动备份和日志管理功能,支持数据块级的增量备份;支持并行应用集群技术,支持节点间自动的负载均衡和透明切换;且产品自身需具备集群功能;配置负载均衡模块,其应支持各主流厂商的硬件及支持 UNIX、Linux,Windows 等多种主流操作系统平台;支持数据库实例在 Cluster 集群环境下的应用;支持节点间自动的负载均衡和出错转移;应支持 7×24 小时全天候不停机,容错及无断点的错误恢复机制。

　　J2EE 中间件应用软件,支持 Enterprise Web Services 1.2, 1.1;SOAP 1.1,1.2;WSDL 1.1;UDDI 2.0;WS-Security 1.0、JSP2.1 等 J2EE 相关标准;支持 HP-UX;IBM AIX;Windows 2003;Novell SuSE;RedHat Enterprise;Sun Solaris 等操作系统;支持通过图形化,远程字符控制台,静默脚本三种模式配置服务器实例;统一集中的管理控制台,单点控制所有被管理节点;提供操作会话管理,记录每次修改,并提供修改回滚功能;支持集群模式下的单件 Singleton 模式,集群环境只有一个实例,且能在发生故障时自动切换;提供支持 JDBC3.0 规范的 Type4 Driver。

　　Web 服务调用方式支持 HTTP,HTTPS,JMS;可实现异步 Web Service& 回调接口,会话型 Web Service;支持不同的异构操作系统之间的多机集群实现。提供多种负载平衡的算法支持负载的分配,支持循环往复、权重、随机选取、外部亲和的均衡算法;提供统一的诊断框架;支持和离线访问诊断数据;支持服务器线程池的自我调整;支持服务器的自我调优;提供过载保护;支持 JACC(Java authorization contract for containers);可插拔安全架构,可集成第三方安全模块;支持 WS 客户端附带多个安全策略文件。

　　数据备份与恢复软件支持基本 LAN 备份,并能够方便的升级到 SAN 环境下备份;支持主流应用(Oracle、MS-SQL Server、SAP、DB2、Lotus、MS-Exchange、Informix 等)进行联机在线备份;对 Oracle 能支持联机程序块级增量备份;对基于文件的应用进行开放文件备份;通过防火墙支持、集群环境支持、LAN-FREE 和直接备份(SERVER-LESS、SERVER-FREE、)Image Backup、NDMP 备份等方式;支持对主流存储设备的快照、复制等先进功能、软件快照功能,并实施远程异步复制;支持磁盘虚拟全备份,减少执行完全备份所需的时间和资源,同时提供异构环境数据的保护功能,提高存储利用率;支持基于磁盘的文件库与虚拟磁带库的高级磁盘备份功能;支持零宕机的备份方式;自动对生产副本进行零宕机备份,可以选择将副本复制或移到磁带中;支持实时恢复,可直接从磁盘副本中检索数据;支持跨越磁盘、磁带、虚拟磁带库/虚拟磁带机、光盘不同的备份介质；广泛兼容操作系统、应用软件、磁带驱动器、磁带库及磁盘阵列；支持对备份映像副本的监视、管理与控制，支持将数据从虚拟磁带移到物理磁带或另一台虚拟磁带库设备。

实时事务处理型数据库：主要用于各流通节点子系统进行数据读写；溯源查询的数据仓库型数据库，主要用于政府监管及消费者进行溯源查询。

数据库系统的基本组成如图 6-25 所示。

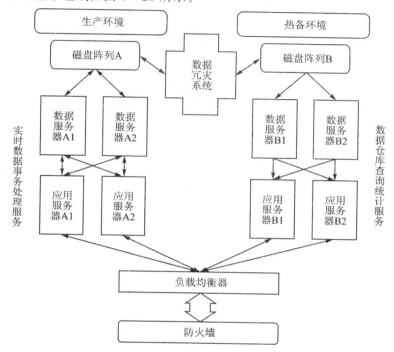

图 6-25　数据库系统设计

信息传递流程包括消费流程和资金流程。

消费流程是指菜场开始营业时由售卖人员启动消费 POS 机开始工作，先刷参数卡进行"签到"。当消费者刷卡消费时，POS 机将产生一次消费记录，POS 机立即将此消费记录发送给管理中心，管理中心收到后返回交易上传成功指令。当售卖人员按"汇总"键时，POS 机的背面液晶显示屏上将显示"汇总时间区间"、"交易笔数"、"交易总额"。由于菜场 POS 机属于固定 POS 机，所以发生在该菜场的消费交易数据可以通过 ADSL、ISDN 或 PSTN 拨号方式联机实时通过菜场无线终端转发到管理中心清算系统。充资可采用管理中心直联方式或管理单位代理方式（间联方式）。对于直联方式的充资交易可以直接通过拨号方式或专线方式实时发送到卡公司管理中心；对间联方式的充资交易由充资网点充资机通过拨号方式实时上传到代理单位结算系统，再实时转发到管理中心。代理单位结算中心系统还可通过定时发送的方式将收集到的原始交易数据上传到管理中心清算系统，以便一卡通管理中心及时清算。一卡通管理中心及时清算系统下发的主动充资交易转发到代理单位，如报表数据下发、黑名单下发等。一卡通管理中心在次日清晨将前一天的消费明细以短信形式告知相应的消费者，同时将经营者的银行到账信息发送至经营者的手机上，以便消费者与经营者校对账单。

菜场跟踪溯源系统平面化设计构架如图 6.26 所示。

图 6-26 菜场跟踪溯源系统平台化设计

资金流程存在因菜场一卡通业务主要采用代理制方式,所以一卡通管理中心清算系统和代理单位之间存在应收应付款的划拨问题。为了对资金进行统一管理,建议按以下方式实现资金的运转:管理中心、菜场经营者在结算银行设立一卡通专用对公账户。当代理充资交易发生时由代理单位代收资金,日终时,管理中心通过数据中心进行清算,根据原始的充资或消费交易数据对每个代理单位进行清算,完成资金划拨。当账务出现不平时,由管理中心与代理单位对账。

6.7.3 菜场跟踪溯源系统硬件设计

1. 非接触式 IC 卡

可根据需要,设计非接触式 IC 卡,如图 6-27 所示。

图 6-27 非接触式 IC 卡

2. 非接触式 IC 卡读写器

射频读写器是一种非接触 IC 卡读写设备,如图 6-28 所示。读写器和射频卡之间的数据传输采用加密算法,同时卡设备双向验证,通讯错误。

图 6-28　非接触式 IC 卡读写器

3. 智能溯源电子秤

智能溯源电子秤如图 6-29 所示,主要特点包括以下几点。

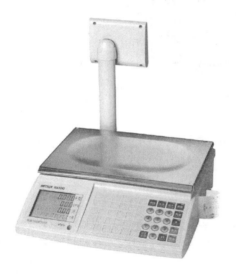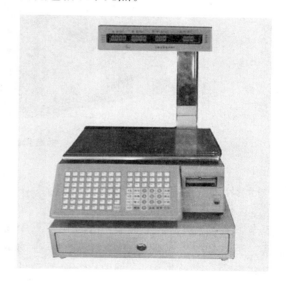

图 6-29　智能溯源电子秤

1) 可根据追溯批次的进货量,控制销售量,每个品种(肉类或蔬菜)最多支持八个追溯批次(不同产地等)。

2) 可以打印具有追溯条形码(一维)、产地、加工单位等信息的零售凭证。

3) 支持追溯肉类的分割销售。

4) 可将销售流水(包括追溯信息)上传至上位机系统。

5) 具备在断电情况下,手工输入追溯信息。

对上述设备功能进行进一步增强，可支持 Wi‑Fi 无线通信及 IC 卡读写。

4．消费者追溯终端

消费者追溯终如图 6‑30 所示，端主要特点有以下几点。
1）支持自动读取零售凭证上的追溯码（一维条形码）。
2）支持手工输入追溯码取得肉类或者蔬菜相关追溯信息。

图 6‑30　消费者追溯终端

5．标准化蔬菜周转筐

标准化蔬菜周转筐如图 6‑31 所示，主要用于蔬菜的批发等。

图 6‑31　标准化蔬菜周转筐

6.8　学校学生定位管理系统

对于全国各类院校，学生管理一直被作为重中之重来抓，尤其对于寄宿式学校，对于学生的管理就更为复杂。对于学生宿舍，为保护学生的生命和财产安全，必须要控制进入学生宿舍的人员。在全国众多院校中，多采取由宿舍管理站的管理员控制进出人员，这样做一方面为管理员带来了大量的工作量，另一方面管理员需要执行检查学生证件等方法控制进出人员，这样就带来了工作效率低，工作效果差的负面影响。

如何应用信息化对现有学生宿舍实现安全管理这一问题一直困惑着各院校。安全的管理系统只有建立在完善、准确的登记系统之上，才能实时、准确地管理进入宿舍的人员，加强安全管理，并在紧急情况下采取相应的预警措施和行动；另一方面，还有很多外来人员（包括领导和其他合法登记进入的人员），因此，对外来人员的登记管理，也成为安全管理的一项重要工作。

目前有些人员管理系统已经开始采用掌纹、指纹和脸部识别等生物识别技术，但这些生物识别方式并不非常适合在学校管理中使用。也有的管理系统一般采用刷、打卡等方式管理，这种卡采用近距离接触式刷卡,需要每人拿卡刷一次才能通过,在学生上课和放学等人流高峰期会出现堵塞或者遗漏等问题,造成时间上的浪费和管理上的混乱。

　　针对上述诸多问题,我们凭借多年来信息化管理系统集成的成功实施经验和专业化技术,依托国内外知名科研机构,在外地实例观摩、市场调研的基础上,对各种方案进行认真对比和筛选,结合成熟的 RFID 人员管理系统在管理方面的突出优点,提出了一套完整的人员管理信息系统方案,可以有效解决上述学生宿舍管理中存在的问题,能够对人员实时安全监控,如遇紧急情况,能够准确、及时地获取人员信息,从而达到强化人员到岗、安全生产管理、应对突发事件的目的。

6.8.1　系统需求

　　由于宿舍里学生较多,若采用近距离接触式刷卡,当学生进出宿舍时需要每人拿卡刷一次才能进入,在早、中、晚学生集中进出的时候会造成人员排队等待刷卡,造成时间上的浪费和管理上的混乱。采用 RFID 技术,可以远距离自动识别学生的电子识别卡,可以同时记录识别多人同时通过,完成对进出宿舍区的学生进行身份识别,实现远距离身份自动识别,同时记录人员进出宿舍的时间。后台系统记录、报警、查询、信息统计等管理。

　　同时,多个宿舍之间的系统可以实现信息的传递,可以将信息传到学校管理部门,实现管理部门对学生宿舍的全监控。

6.8.2　系统方案与实现

1. 总体设计方案

　　人员管理信息系统主要由学生身份识别卡(RFID 标签)、临时卡(RFID 标签)、读卡器、数据库服务器、学校局域网(以太网)以及管理终端软件等组成。

　　本系统方案遵循“总体规划,分步实施”基本原则,系统为今后扩展预留软件、硬件接口。根据总体规划设计要求,拟在所有宿舍门卫处设置 RFID 身份识别读卡器,对宿舍区域里的所有人员实现信息化管理,完成对进出宿舍区的人员进行身份识别、记录进出时间、对人员在出入口的进出信息进行实时采集,实现远距离身份自动识别,后台系统记录、报警、查询、信息统计等管理,学校范围内通过各个管理站之间信息互联对人员实时监测,及时掌控人员分布情况,实现校区内人员安全定位管理。管理站终端以及管理 PC 可以通过学校内部局域网进行 Web 访问,对监测数据进行查询,并参与全校人员的信息化管理。

2. 系统的硬件设计方案

(1) 数据采集硬件部分

数据采集硬件部分主要涉及 RFID 标签的读卡器。选用的读卡器具有以下特点:

1) 可共享并支持广泛领域。可在 Microsoft BizTalk RFID,IBM WebSphere 6.0,Oat Systems,Oracle,GlobeRanger,BEA 等几大重要 RFID 平台下使用。而当有第三方中间设备支持的情况下,也可以在 SAP 下使用。它拥有良好的 SDK 特性,当需要时可在 .NET 和 Java 数据库中轻松识别及管理读卡器。

2）简易。设备要确保具有高速的读取质量，具有电源及网络保护装置以避免数据丢失，电源突然断电不会导致数据丢失，并且自治操作模式下，当网络连接被阻止时，读卡器依旧能收集标签数据。

3）冲突管理。设备具有多种处理方法以有力地对抗外界干扰。

4）高性能、易拆装、易管理。读卡器可以由用户自行配置管理，拥有软件支持的、灵活的API，高性能无线电通信装置，数据保护系统，灵敏的干扰管理模式。

读卡器选型如图6-32所示。

图6-32　读卡器选型

（2）人员 RFID 标签部分

人员 RFID 标签具体设计配置方案如下：

RFID 标签通过 PVC 进行尺寸定制并封装，将封装好的卡片放置于人员身份卡之内，平时人员主动将如图6-33所示的身份卡置于胸口位置即可，具体根据人员所在单位的要求进行特殊定制。

ALN9562标签　　　　　PVC封装的标签　　　　　学生卡件

图6-33　标签制作与塑封

（3）通道部分

通道具体设计配置方案如下。

宿舍管理站大门作为人员出入的主要通道，平时主要考虑对学校人员进出管理。

对于大门，配置一台读卡器和高性能接近传感器安装于门附近，考虑供电、网络通信等措施，进行防水、防浪涌、防雷击等保护，在门的正上方位置（门顶）设置2只顶置天线并加装保护罩（如图6-34所示），天线分别对宿舍内和宿舍外方向布置。

当门在正常关闭状态时，门接近传感器控制读卡器进入休眠待机状态；当门处于开启工作状态时，门接近传感器控制读卡器处于正常工作状态，人员进出门时，读卡器识别到胸前佩戴封装好 RFID 标签的人员，人员从小门通过时，其相应的信息会及时传输至后台管理信息系统。设置参考如图6-35所示。

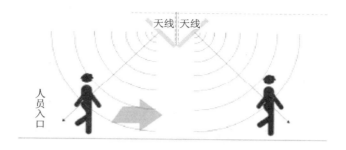

图 6 - 34　天线方位设置

图 6 - 35　小门通道硬件设置示意图

（4）发卡办卡部分

发卡办卡终端的具体设计配置方案如下：

系统终端硬件由 1 台发卡终端计算机、1 台阅读器及天线、电源开关以及网络等组成。其主要功能是用于对人员信息进行管理，包括发卡办卡、人员查询、新建人员信息、修改人员信息、删除人员信息、标识卡管理。当人员使用的标识卡卡号发生改变时，使用终端进行替换操作，亦可以处理丢失、损坏卡的信息替换等功能。发卡办卡终端硬件设置示意图见图 6 - 36。

图 6 - 36　发卡办卡终端硬件设置示意图

（5）后台管理数据服务器

后台管理数据服务器具体设计配置方案如下：

系统硬件为 1 台服务器（含人事考勤数据库），主要完成人员的管理、日志记录、数据存储与备份等工作。

3．系统的软件设计方案

管理信息系统终端以浏览器/服务器（B/S）结构进行搭建。该结构是现在市场上最先进的一种结构之一。将系统在服务器上发布以后，只要将服务器接入网络，就可以在网络内具有权限的任何终端通过 Web 浏览。它支持跨平台管理，不论是什么平台，只要装有 Web 浏览器即可；客户端无须安装和维护软件。终端系统登录主界面如图 6 - 37 所示。

图 6 - 37　终端系统主界面

人员管理信息系统的终端主要分为以下几个组成部分：

（1）系统管理

"系统管理"模块主要有"操作日志管理"。
"系统管理"菜单如图 6 - 38 所示，系统对各个修改
数据的操作都做了相关的日志记录，通过该功能
可以对各个历史操作进行查询等。

图 6 - 38　"系统管理"菜单

（2）管理员管理

顾名思义管理员管理即是对系统管理员进行
管理，管理员是用来登录终端系统的，进入系统时必须使用合法的用户名和密码才能够进行登录。"管理员管理"菜单展开后如图 6 - 39 所示。

管理员信息：显示所有管理员的列表，如图 6 - 40 所示。

增加管理员：用于增加管理员的相关信息（账号、姓名、管理权限等）。

修改管理员：用户修改管理员相关信息，本系统中约定管理员账号不允许修改。

删除管理员：对于一些不用管理的管理员账号，可以直接删除管理员。

（3）人员管理

"人员管理"菜单如图 6 - 41 所示。

管理员管理
管理员信息
增加管理员
修改管理员
删除管理员

图 6 - 39　"管理员管理"菜单

管理员账号	管理员姓名	管理权限		登录次数	最后登录地址
admin	管理员	所有栏目		9	192.168.1.12
zhangsan	张三	管理员管理、员工管理	2		192.168.1.52

图 6 - 40　"管理员信息"列表

人员管理
人员信息查询
增加人员信息
修改人员信息
删除人员信息
信息导入/导出
标识卡管理

图 6 - 41　"人员管理"菜单

人员信息查询:可以按指定条件查询符合条件的所有人员信息,显示结果列表如图 6 - 42 所示。

人员学号	人员姓名	性别	院系	…
1008	胡二	男	信息学院	…

图 6 - 42　人员信息列表

修改人员信息:用于修改人员的相关信息,系统中约定人员学号不允许修改。

删除人员信息:对于毕业后学生信息,管理员可以删除掉,删除后资料将无法恢复。信息导入/导出:本系统支持将人员信息导成指定格式的 Excel 文件和从指定的 Excel 文件中导入相关信息。

标识卡的管理:主要用于人员标识卡出现损坏后的更换。

修改密码:通过此功能管理员可以修改自己的管理密码。该功能为必选项,不列入管理员权限管理中。

注销登录:通过此功能用户退出管理系统。该功能为必选项,不列入管理员权限管理中。

4. 系统的网络设计方案

由于以太网已经成为当前所有商用网络的选择，因此采用以太网，能更方便地实现数据采集、控制、学校内部互联网一体化。

系统中，方案网络将自成一套网络系统，与学校已有的内部局域网最终联网；介质采用可直埋敷设多模光缆或 RJ45 计算机通信电缆。网上结点采用 TCP/IP 传输数据，允许网上任意结点随时进网和退网，进退时，不影响网络正常工作。通信速率可达 100 MB/s。上位机采用标准以太网卡。由于以太网的通用性，方便了以后的功能扩展。采用的读卡器通过以太网通信模块连接网络，可用做对人员识别及适时监控、数据参数报表打印等功能。各从站可自动从网上脱离，以便维修工作，也可自动重新进入网络系统，再次投入使用。

考虑在宿舍管理站各增设 1 台交换机设备集线器，将读卡器统一纳入本套系统局域网络，最终将与学校管理成为一体，同时为后期联网进行预留。

另外，系统为了对监控管理系统进行保护，防止因雷击或线路过电压产生的浪涌过电压和浪涌过电流而导致对内部设备的损坏，主要采取以下措施防雷：敷设线路时，电源线尽可能远离信号线；尽可能采用屏蔽电缆；将所有防雷器的接地线全部接到公共主地线上；PLC 电源进线电源加装防雷及过电压保护器。还将为系统设计一套完善的防雨、防高温系统，以有效防止雨水或温度过高对电子设备的侵害。

6.9　养老院老人看护系统

我国即将进入人口老龄化快速发展时期，高龄老人和失能老人数量大幅增加，家庭空巢化现象日益突出，人口老龄化已经成为关系我国经济发展、社会和谐稳定的重大问题，迫切需要抓住战略机遇期，发展老年福祉科技，加强老龄科学研究，为老龄决策提供技术支持。

民政部全国民政科技中长期发展规划纲要（2009—2020 年）指出，优先重点研究应用信息产业及现代服务业领域相结合的无线网络、智能传感器和信息处理技术，建立老年人长期照料护理体系的信息化支撑平台。重点开发老年人移动健康管理智能集成终端产品，研究老年人健康指标监测技术，以及与相关卫生保健服务网络系统的互联互通技术。

目前，RFID 技术在全球已应用于工业、医疗、能源、农业、矿山、环保、市政、地质、水利、司法、交通和军队等行业，形成了以无线技术为核心的行业物联网解决方案，为各行各业在末端范围内的无线传感网络的建立和数字化管理应用，提供了一个全新的物联网应用平台。它已经形成包括标准无线模块、工业无线产品、行业应用软件系统，具备为多个行业提供整体物联网解决方案的能力，已经成功地实施了一批具有领先性的无线物联网应用行业项目，形成了具备行业推广价值的解决方案及案例。

老人看护系统是采用目前最先进的 RFID 技术，结合智能腕带识别、传感器网络及嵌入式系统技术，针对多种行业对 RFID 系统的应用需求设计开发的一套软硬件结合的实用系统，可广泛用于人员/车辆/物资的识别管理、人员及机车区域定位、智能门禁考勤管理等系统。

后台监控软件集 GIS（地理信息系统）、数据库、图形界面等多种技术应用，采用模块化设计，功能模块可根据客户要求增减。系统包括无线老人定位子系统、无线床位监护子系统、无线报警子系统和信息管理子系统。系统实现结构框图如图 6-43 所示。

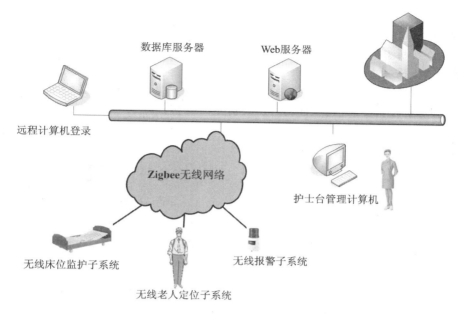

图 6 - 43　系统实现结构框图

（1）无线老人定位子系统

老人在院内活动时，定位网络通过老人 RFID 标签腕带识别到老人标签，通过定位算法引擎计算老人的位置信息并与数据库内的老人信息比对显示到 Web 界面。

图 6 - 44 所示为监控主界面和 RFID 标签腕带。

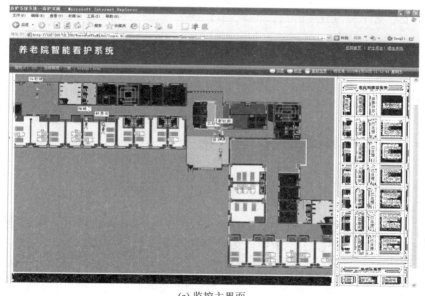

(a) 监控主界面

(b) RFID标签腕带

图 6 - 44　监控主界面和 RFID 标签腕带

(2) 无线床位监护子系统

院内老人床位安装 RFID 读卡器,通过读卡数据判断老人在哪个床位或者是否在自己床位,并在数据库保持更新。

(3) 无线报警子系统

老人 RFID 标签腕带装有紧急报警按键,遇到突发状况,可按动报警按键,管理中心计算机和护士站计算机弹出报警信息,提示看护人员及时处理。图 6 - 45 所示为该子系统通信结构图。

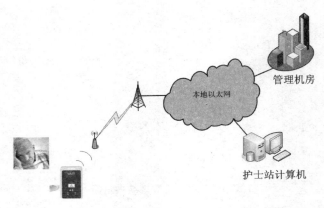

图 6 - 45　无线报警子系统通信结构图

腕带中加入加速度传感器,集合软件算法,判断老人是否摔倒。

为了给老人提供安全保障,最大限度地降低意外摔倒给老人带来的健康威胁,本系统方案采用加速度传感器,区分人的正常生活与摔倒,通过数据处理以及无线传输发出警报,使医护人员能及时进行处置,最大限度地减少老年人因摔倒而带来的伤害。

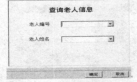

图 6 - 46　查询界面

(4) 信息管理子系统

登录"查询老人信息"(该系统也可集成老人档案信息)界面,如图 6 - 46 所示,可查询老人的基本信息。

6.10　RFID 技术的发展趋势与面临的问题

6.10.1　发展趋势

随着 RFID 技术的不断发展以及应用系统的推广与普及,RFID 技术在性能等各方面都会有较大提高,成本将逐步降低。可以预见,未来 RFID 技术的发展将有以下趋势:

(1) 标签产品多样化

未来用户个性化需求较强,单一产品不能适应未来发展和市场需求。芯片频率、容量、天线、封装材料等组合形成产品系列化,与其他高科技融合,如与传感器、GPS、生物识别结合将由单一识别向多功能识别发展。

（2）系统网络化

当 RFID 系统应用普及到一定程度时，每件产品通过 RFID 标签赋予身份标识，与互联网、电子商务结合将是必然趋势，也必将改变人们传统的生活、工作和学习方式。

（3）系统的兼容性更好

随着标准的统一，系统的兼容性将会得到更好的发挥，产品的替代性更强。

（4）与其他产业融合

与其他 IT 产业一样，当标准和关键技术得到解决和突破之后，与其他产业（如 3G、3 网等）融合将形成更大的产业集群，并得到更加广泛的应用，实现跨地区、跨行业应用。

因此，我们有理由相信 RFID 产业发展潜力是巨大的，将是未来发展的一个新的增长点，RFID 技术将与人们的日常生活密不可分。

6.10.2　面临的问题

尽管 RFID 技术现在发展迅速，但目前还面临着一系列的技术及文化方面的障碍，尚待解决。

（1）成本问题

成本问题包括 RFID 芯片的成本以及整个信息系统更新换代所引发的巨大投资成本。目前，美国一个 RFID 标签的价格在 20 美分左右，显然不能适用于制造成本较低的单件产品。只有把价格降低到 4 美分以下才能适用于单件产品；同样，目前 RFID 技术读卡器的价格大都在 1000 美元以上，而一般的企业动辄就需要安装数十台甚至上千台类似的装备，还要再加上计算机、局域网、应用软件、系统集成及技术人员的培训等费用。这对于大部分中小企业来说过于昂贵。可见，RFID 技术要获得大规模的应用，只有把成本降低到大部分企业可以接受的程度时才有可能，而这个目标只有通过技术改进和大规模的生产才能达到。

（2）安全问题

一方面 RFID 技术的应用有着无限的魅力，另一方面对个人隐私安全的威胁极大地阻碍了 RFID 技术的快速推广。因此，如何保护持有人的隐私安全技术将是目前和今后发展 RFID 技术备受关注的课题。安全问题在信息保密要求较高的领域显得尤为突出。由于目前常用的 RFID 技术都是无源的，没有读写能力，无法使用各种验证口令及密码等主动验证方法，而读卡器中唯一的标识符很容易被复制。只要提着一个装有复制功能的探测设备的公文包在某一公司内走一趟，就可以轻易得到该公司的各种商业情报及信息，这是广大商家所不能接受的。如果使用有源标签并且不断地变换验证密钥，这样就可以大大提高安全性。不过，这同时也将导致成本大幅度提高。

（3）标准问题

标准问题是制约 RFID 技术推广的另一重要因素。到目前为止，RFID 技术已经具有了一些国际标准。当前，世界上主要存在着两套 RFID 标准：一套是日本制定的 128 位编码及专用协议；另一套是 Auto-ID 提出的 96 位电子产品编码和专用协议。两套标准不统一，严重制约着"物联网"这一跨地区、跨国家的全球统一的网络构建。而在我国，RFID 技术的生产和应用领域仅有一些行业标准，还没有国家标准。制定一个自主的国家标准，并且与国际标准相互兼容，使我国的 RFID 产品能顺利地在世界范围流通，是当前重要而急切需要解决的问题。

（4）辐射问题

该问题与人的健康密切相关,因为 RFID 技术所使用的是 800~900 MHz 的高频电磁波,随着它的应用范围不断扩大,人们将会生活在高频电磁场中,是另一种形式的污染。尽可能降低辐射强度并将其控制在对人安全的范围之内,是需要解决的又一个重要问题。

另外,RFID 技术与中间件的接口差错率较高等一系列问题都是射频识别技术大面积推广所要解决的问题。

目前,RFID 的应用多处于初级阶段,尽管前景广大,但是由于成本、技术等方面的原因,RFID 技术还没有得到广泛的应用。即使在比较容易实现的商业等领域,RFID 标签要全面代替条形码也需要些时日,而且条形码和 RFID 标签要共同存在一定的时间。但我们相信,在不久的将来,RFID 技术将会融入我们生活的各个方面,RFID 技术的推广与应用将极大地推动社会的发展。

（5）多样性和复杂性

目前国内的应用还处于初级阶段,应用效果不好评判。由于用户需求的多样性和复杂性,导致很多应用只是在探索阶段,从而使公司的研发压力和成本更大。同时,通过改进工艺和技术创新进一步降低成本,使之能够与传统的条码相比,才能将 RFID 标签广泛地应用到更多的商品中。

6.10.3　RFID 技术的应用及展望

目前,RFID 技术的应用与推广中虽然存在一些问题,但是由于 RFID 产业前景广阔,市场潜力巨大,同时政府支持、企业重视,我们对 RFID 产业的发展充满信心。航天信息将会加大投入、自主创新,积极参与我国 RFID 行业标准制定和行业试点应用,为各行业提供产品和完整的系统解决方案,为国内的 RFID 产业发展贡献自己的力量。

尽管 RFID 技术已经应用于多个领域,但是其应用仅局限在某一封闭市场内,因此其市场规模受到了极大的限制。但是随着 RFID 技术的发展演进以及成本的降低,未来几年内 RFID 技术主要以供应链的应用为赢利的主体,全球开放的市场将为 RFID 产业带来巨大的商机。简单来讲,从采购、仓储、生产、包装、卸载、流通加工、配送、销售到服务,这些是供应链上的业务流程和环节。在供应链运转时,企业必须时实、精确地掌握供应链上的商流、物流、信息和资金的流向,才能够使企业发挥出最大的效率和效益。但实际上,物体在流动的过程中各个环节处于松散的状况,商流、物流、信息和资金常常随着时间和位置的变化而变化,使企业对这四种流的控制能力大大下降,从而产生失误以至造成不必要的损失。RFID 技术正是有效解决供应链上各项业务运作资料的输入与输出、业务过程的控制与跟踪,以及减少出错率等难题的一种技术。例如,最近香港工业工程师学会及香港生产力促进局就开展了一项名为"提升制造及工业工程师应用无线标签来实施供应链管理"的项目。该项目主要是为香港制造及工业工程师设计,项目包括一系列的工业及技术专题研讨会、工作坊等。港府正是借助 RFID 技术在产品供应链上的每个环节发挥的效用,实现物料供应、生产、贮存、包装,以及物流、货运出境、船务运输,存货控制及零售等各个环节的管理,帮助企业加快物流速度,改善生产效率,促进贸易活动。

据 Deloitte 研究中心的分析,从 2006 年开始,供应链将成为推动 RFID 技术的主要产业,而且每年都在高速成长,推动 RFID 产业前进。至 2009 年,约 70% 的 RFID 应用都在供应链产业中。事实上,供应链的每一个环节加入 RFID 之后,就会变得更加顺畅,相对的其他产业所占的比例也只有 30% 而已。

　　当然,RFID 技术的发展也面临一些障碍,其中最主要的是 RFID 标签的价格。一般认为,价格在 5 美元以上的芯片,主要应用于军事、生物科技和医疗方面的有源器件;10 美分~1 美元的常用于运输、仓储、包装、文件等的无源器件;消费应用(如零售)的标签为 5~10 美分;医药、各种票证(如车票、入场券)、货币等应用的标签,则在 5 美分以下。标签价格将直接影响 RFID 技术应用的市场规模。其次是隐私权的问题难于解决。由于在非接触的条件下,可以对标签中的数据进行读取,这引发了人们对 RFID 技术侵犯个人隐私权的争议。尽管如此,笔者还是坚信,标签价格将随着技术的发展及生产规模的扩大而得以解决;隐私问题则需要各个国家通过立法对用户的隐私权加以保护来逐步解决。RFID 技术所独有的优势,最终将在全球形成一个巨大的产业,值得各个领域加以关注。

习　题

　　1. 简述一个完整 RFID 系统的组成和设计过程。
　　2. 举例说明 RFID 技术在生活中的一个整体解决方案和应用。

参 考 文 献

[1] 赵军辉. 射频识别技术与应用[M]. 北京:机械工业出版社,2008.

[2] 游战清,李苏剑. 无线射频识别技术(RFID)理论与应用[M]. 北京:电子工业出版社,2004.

[3] 张肃文. 高频电子线路[M]. 北京:高等教育出版社,2009.

[4] 刘禹,关强. RFID 系统测试与应用实务[M]. 北京:电子工业出版社,2010.

[5] 刘岩. RFID 通信测试技术与应用[M]. 北京:人民邮电出版社,2010.

[6] 樊昌信,曹丽娜. 通信原理[M]. 6 版. 北京:国防工业出版社,2006.

[7] 纪越峰. 现代通信技术[M]. 2 版. 北京:北京邮电大学出版社,2004.

[8] 范红梅. RFID 技术研究[D]. 浙江:浙江大学,2006.

[9] 吴江伟. RFID 技术在我国铁路专业运输业务中的应用及效益分析[D]. 四川:西南交通大学,2010.

[10] 刘先超. RFID(射频电子标签)天线的小型化[D]. 陕西:西安电子科技大学,2009.

[11] 杨益. 基于 RFID 的数字化仓库管理系统[D]. 武汉:华中科技大学,2008.

[12] 郭腾飞,刘齐宏. RFID 技术在自行车防盗系统中的应用[J]. 工业技术与产业经济.

[13] 辛鑫. RFID 在医药供应链管理中的应用技术研究与开发[D]. 上海:上海交通大学,2007.

[14] 吴海华. 基于 RFID 技术的图书智能管理系统研究[D]. 江苏:扬州大学,2009.

[15] 凌云,林华治. RFID 在仓库管理系统中的应用[J]. 中国管理信息化,2009,12(3).

[16] 巨天强. RFID 的发展及其应用的现状和未来[J]. 甘肃科技,2009,25(15).

[17] 李彩红. 无线射频识别(RFID)技术及其应用[J]. 广东技术师范学院报,2006(6).

[18] 王璐,秦汝祥,贾群. 基于 RFID 技术的门禁监控系统[J]. 微机发展,2003,13(11).

[19] 周学叶,单承赣. 基于 RFID 的门禁系统设计[J]. 金卡工程,2008(9).

[20] 杨笔锋,唐艳军. 基于射频识别的智能车辆管理系统设计[J]. 计算机测量与控制,2010,18(1).

[21] 王建维,谢勇,吴计生. 基于 RFID 的数字化仓库管理系统的设计与实现[J]. 网络与信息化,2009,28(4).

[22] 黄峥,古鹏. 基于 RFID 的应用系统研究[J]. 计算机应用与软件,2011,28(6).

[23] 张有光,杜万,张秀春,等. 全球三大 RFID 标准体系比较分析[J]. 中国标准化,2006(3).

[24] 庚桂平,苗建军. 无线射频识别技术标准化工作介绍[J]. Aeronautic Stand - ardization & Quality,2007,2(18).

[25] 周晓光,王晓华. 射频识别(RFID)技术原理与应用实例[M]. 北京:人民邮电出版社. 2006.